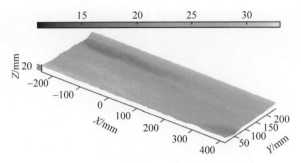

图 2.5　单组试验床面三维地形结果示例

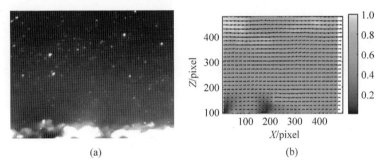

(a)　　　　　　　　　　　　　　(b)

图 2.7　PIV 系统的原始图像与计算流场

（a）原始图片；（b）计算流场

图 3.3　两步方法计算本书实测图像结果

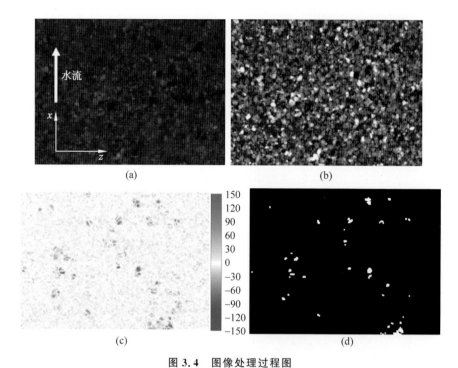

图 3.4　图像处理过程图

（a）原始图像；（b）预处理后图像；（c）连续两帧图片的灰度差；

（d）根据图（c）提取的运动床沙

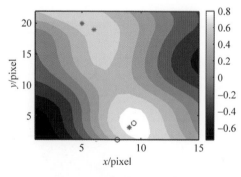

**图 3.5　颗粒质心的大致位置
与准确位置**

**图 3.6　互相关系数矩阵的
灰度等值线图**

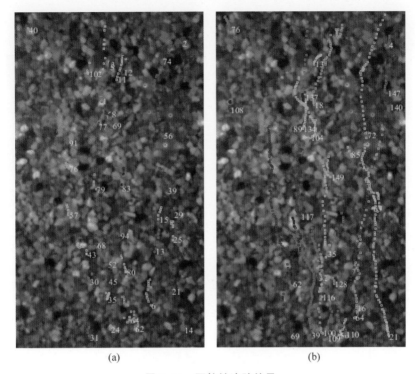

(a)   (b)

图 3.14　颗粒链追踪结果

(a) 两步方法结果；(b) 新三步方法的结果

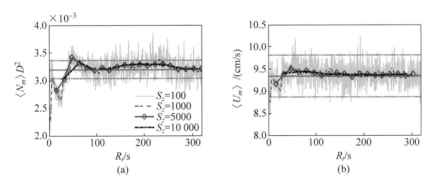

(a)   (b)

图 4.8　无量纲运动数量 $\langle N_m \rangle D^2$ 和 $\langle U_m \rangle$ 随样本容量及采样历时的变化规律

(a) $\langle N_m \rangle D^2$ 随样本容量及采样历时的变化规律；(b) $\langle U_m \rangle$ 随样本容量及采样历时的变化规律

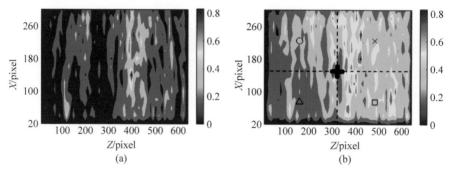

图 4.9 运动颗粒在空间上分布

（a）$t=15.9\mathrm{s}$；（b）$t=127.4\mathrm{s}$

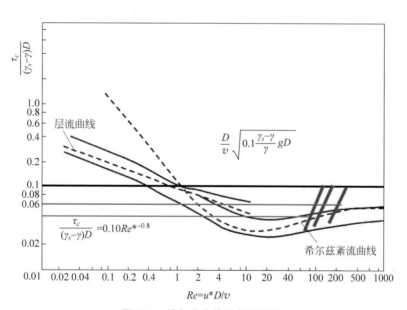

图 5.2 希尔兹曲线及其修正值

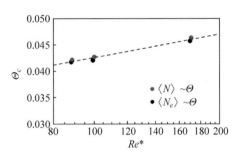

图 5.3 临界起动切应力随颗粒雷诺数的变化

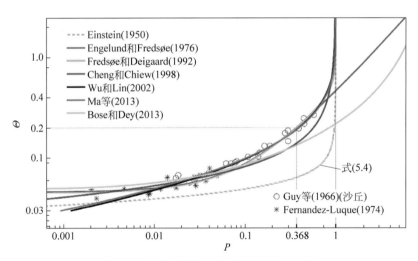

图 5.7 起动概率与水流强度(孟震,2015)

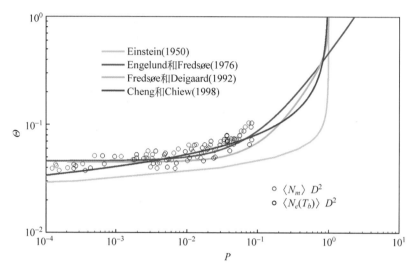

图 5.8　起动概率与水流强度

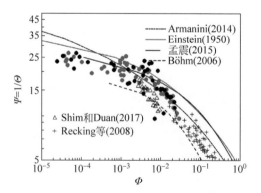

图 5.23　无量纲输沙率随水流强度的变化

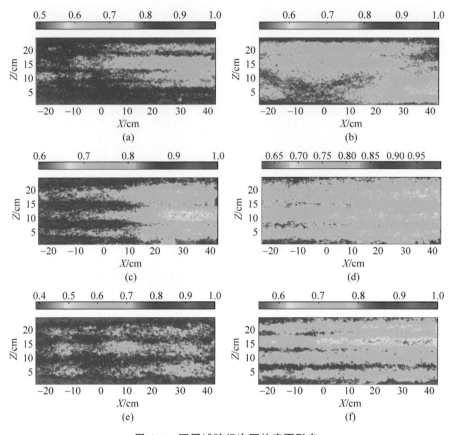

图 6.1　不同试验组次下的床面形态

(a) C1-4；(b) C1-10；(c) C2-1；(d) C2-8；(e) C3-2；(f) C3-5

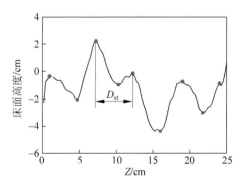

图 6.3　C3-4 组次下平均床面高程沿展向分布

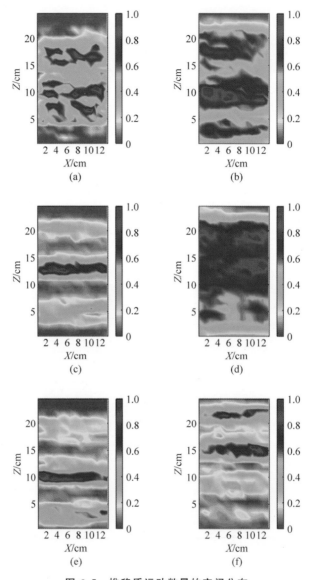

图 6.5　推移质运动数量的空间分布

(a) C1-4；(b) C1-10；(c) C2-1；(d) C2-8；(e) C3-2；(f) C3-5

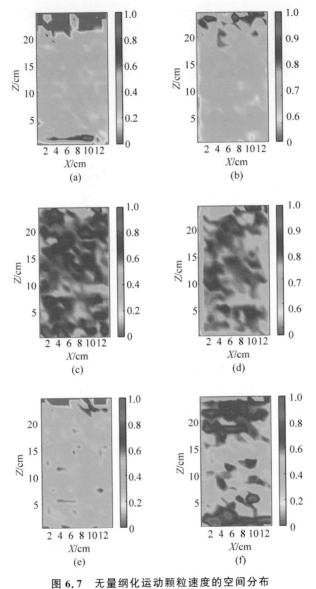

图 6.7　无量纲化运动颗粒速度的空间分布

(a) C1-4；(b) C1-10；(c) C2-1；(d) C2-8；(e) C3-2；(f) C3-5

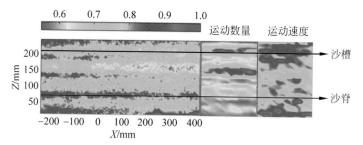

图 6.11　C3-5 床面地形、运动数量与运动速度空间分布的拼接图

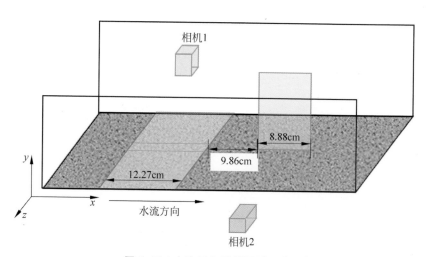

图 6.17　水沙同步测量区域示意图

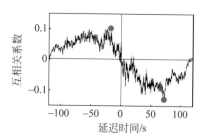

图 6.19　C1-9 u'_{f2} 与 N_c 的延迟互相关

清华大学优秀博士学位论文丛书

基于图像处理技术的
推移质平衡输沙试验研究

苗蔚 (Miao Wei) 著

Experimental Study of Bed-Load Transport
Based on Image Technique

清华大学出版社
北 京

内 容 简 介

本书基于图像处理技术的自主研发,建立了可以实现水沙同步测量的平台;通过多组次的水槽试验,获取了高时空分辨率下的推移质运动图像;通过图像处理和统计分析,深入研究了颗粒尺度下推移质运动参数的统计特征,初步揭示了瞬时的水流-泥沙运动之间的相关关系;本书提出的试验方法具有一定的参考意义,而取得的创新成果也有助于深入理解颗粒尺度下推移质运动的随机特征。

图书在版编目(CIP)数据

基于图像处理技术的推移质平衡输沙试验研究/苗蔚著.—北京:清华大学出版社,2022.11
(清华大学优秀博士学位论文丛书)
ISBN 978-7-302-61791-4

I.①基… Ⅱ.①苗… Ⅲ.①推移质-泥沙输移-图像处理-研究 Ⅳ.①TV142

中国版本图书馆 CIP 数据核字(2022)第 166660 号

责任编辑:戚 亚
封面设计:傅瑞学
责任校对:赵丽敏
责任印制:刘海龙

出版发行:清华大学出版社
　　　　　网　　　址:http://www.tup.com.cn,http://www.wqbook.com
　　　　　地　　　址:北京清华大学学研大厦 A 座　　　邮　　编:100084
　　　　　社 总 机:010-83470000　　　　　邮　　购:010-62786544
　　　　　投稿与读者服务:010-62776969,c-service@tup.tsinghua.edu.cn
　　　　　质量反馈:010-62772015,zhiliang@tup.tsinghua.edu.cn
印 装 者:三河市东方印刷有限公司
经　　销:全国新华书店
开　　本:155mm×235mm　　**印　张:**9　　**插页:**5　　**字　　数:**160 千字
版　　次:2022 年 12 月第 1 版　　　　　　**印　　次:**2022 年 12 月第 1 次印刷
定　　价:89.00 元

产品编号:089257-01

一流博士生教育
体现一流大学人才培养的高度(代丛书序)^①

人才培养是大学的根本任务。只有培养出一流人才的高校,才能够成为世界一流大学。本科教育是培养一流人才最重要的基础,是一流大学的底色,体现了学校的传统和特色。博士生教育是学历教育的最高层次,体现出一所大学人才培养的高度,代表着一个国家的人才培养水平。清华大学正在全面推进综合改革,深化教育教学改革,探索建立完善的博士生选拔培养机制,不断提升博士生培养质量。

学术精神的培养是博士生教育的根本

学术精神是大学精神的重要组成部分,是学者与学术群体在学术活动中坚守的价值准则。大学对学术精神的追求,反映了一所大学对学术的重视、对真理的热爱和对功利性目标的摒弃。博士生教育要培养有志于追求学术的人,其根本在于学术精神的培养。

无论古今中外,博士这一称号都和学问、学术紧密联系在一起,和知识探索密切相关。我国的博士一词起源于 2000 多年前的战国时期,是一种学官名。博士任职者负责保管文献档案、编撰著述,须知识渊博并负有传授学问的职责。东汉学者应劭在《汉官仪》中写道:"博者,通博古今;士者,辩于然否。"后来,人们逐渐把精通某种职业的专门人才称为博士。博士作为一种学位,最早产生于 12 世纪,最初它是加入教师行会的一种资格证书。19 世纪初,德国柏林大学成立,其哲学院取代了以往神学院在大学中的地位,在大学发展的历史上首次产生了由哲学院授予的哲学博士学位,并赋予了哲学博士深层次的教育内涵,即推崇学术自由、创造新知识。哲学博士的设立标志着现代博士生教育的开端,博士则被定义为独立从事学术研究、具备创造新知识能力的人,是学术精神的传承者和光大者。

---

① 本文首发于《光明日报》,2017 年 12 月 5 日。

博士生学习期间是培养学术精神最重要的阶段。博士生需要接受严谨的学术训练，开展深入的学术研究，并通过发表学术论文、参与学术活动及博士论文答辩等环节，证明自身的学术能力。更重要的是，博士生要培养学术志趣，把对学术的热爱融入生命之中，把捍卫真理作为毕生的追求。博士生更要学会如何面对干扰和诱惑，远离功利，保持安静、从容的心态。学术精神，特别是其中所蕴含的科学理性精神、学术奉献精神，不仅对博士生未来的学术事业至关重要，对博士生一生的发展都大有裨益。

独创性和批判性思维是博士生最重要的素质

博士生需要具备很多素质，包括逻辑推理、言语表达、沟通协作等，但是最重要的素质是独创性和批判性思维。

学术重视传承，但更看重突破和创新。博士生作为学术事业的后备力量，要立志于追求独创性。独创意味着独立和创造，没有独立精神，往往很难产生创造性的成果。1929 年 6 月 3 日，在清华大学国学院导师王国维逝世二周年之际，国学院师生为纪念这位杰出的学者，募款修造"海宁王静安先生纪念碑"，同为国学院导师的陈寅恪先生撰写了碑铭，其中写道："先生之著述，或有时而不章；先生之学说，或有时而可商；惟此独立之精神，自由之思想，历千万祀，与天壤而同久，共三光而永光。"这是对于一位学者的极高评价。中国著名的史学家、文学家司马迁所讲的"究天人之际，通古今之变，成一家之言"也是强调要在古今贯通中形成自己独立的见解，并努力达到新的高度。博士生应该以"独立之精神、自由之思想"来要求自己，不断创造新的学术成果。

诺贝尔物理学奖获得者杨振宁先生曾在 20 世纪 80 年代初对到访纽约州立大学石溪分校的 90 多名中国学生、学者提出："独创性是科学工作者最重要的素质。"杨先生主张做研究的人一定要有独创的精神、独到的见解和独立研究的能力。在科技如此发达的今天，学术上的独创性变得越来越难，也愈加珍贵和重要。博士生要树立敢为天下先的志向，在独创性上下功夫，勇于挑战最前沿的科学问题。

批判性思维是一种遵循逻辑规则、不断质疑和反省的思维方式，具有批判性思维的人勇于挑战自己，敢于挑战权威。批判性思维的缺乏往往被认为是中国学生特有的弱项，也是我们在博士生培养方面存在的一个普遍问题。2001 年，美国卡内基基金会开展了一项"卡内基博士生教育创新计划"，针对博士生教育进行调研，并发布了研究报告。该报告指出：在美国和欧洲,培养学生保持批判而质疑的眼光看待自己、同行和导师的观点同样非常不容易,批判性思维的培养必须成为博士生培养项目的组成部分。

对于博士生而言,批判性思维的养成要从如何面对权威开始。为了鼓励学生质疑学术权威、挑战现有学术范式,培养学生的挑战精神和创新能力,清华大学在 2013 年发起"巅峰对话",由学生自主邀请各学科领域具有国际影响力的学术大师与清华学生同台对话。该活动迄今已经举办了 21 期,先后邀请 17 位诺贝尔奖、3 位图灵奖、1 位菲尔兹奖获得者参与对话。诺贝尔化学奖得主巴里·夏普莱斯(Barry Sharpless)在 2013 年 11 月来清华参加"巅峰对话"时,对于清华学生的质疑精神印象深刻。他在接受媒体采访时谈道:"清华的学生无所畏惧,请原谅我的措辞,但他们真的很有胆量。"这是我听到的对清华学生的最高评价,博士生就应该具备这样的勇气和能力。培养批判性思维更难的一层是要有勇气不断否定自己,有一种不断超越自己的精神。爱因斯坦说:"在真理的认识方面,任何以权威自居的人,必将在上帝的嬉笑中垮台。"这句名言应该成为每一位从事学术研究的博士生的箴言。

提高博士生培养质量有赖于构建全方位的博士生教育体系

一流的博士生教育要有一流的教育理念,需要构建全方位的教育体系,把教育理念落实到博士生培养的各个环节中。

在博士生选拔方面,不能简单按考分录取,而是要侧重评价学术志趣和创新潜力。知识结构固然重要,但学术志趣和创新潜力更关键,考分不能完全反映学生的学术潜质。清华大学在经过多年试点探索的基础上,于 2016 年开始全面实行博士生招生"申请-审核"制,从原来的按照考试分数招收博士生,转变为按科研创新能力、专业学术潜质招收,并给予院系、学科、导师更大的自主权。《清华大学"申请-审核"制实施办法》明晰了导师和院系在考核、遴选和推荐上的权力和职责,同时确定了规范的流程及监管要求。

在博士生指导教师资格确认方面,不能论资排辈,要更看重教师的学术活力及研究工作的前沿性。博士生教育质量的提升关键在于教师,要让更多、更优秀的教师参与到博士生教育中来。清华大学从 2009 年开始探索将博士生导师评定权下放到各学位评定分委员会,允许评聘一部分优秀副教授担任博士生导师。近年来,学校在推进教师人事制度改革过程中,明确教研系列助理教授可以独立指导博士生,让富有创造活力的青年教师指导优秀的青年学生,师生相互促进、共同成长。

　　在促进博士生交流方面，要努力突破学科领域的界限，注重搭建跨学科的平台。跨学科交流是激发博士生学术创造力的重要途径，博士生要努力提升在交叉学科领域开展科研工作的能力。清华大学于2014年创办了"微沙龙"平台，同学们可以通过微信平台随时发布学术话题，寻觅学术伙伴。3年来，博士生参与和发起"微沙龙"12 000多场，参与博士生达38 000多人次。"微沙龙"促进了不同学科学生之间的思想碰撞，激发了同学们的学术志趣。清华于2002年创办了博士生论坛，论坛由同学自己组织，师生共同参与。博士生论坛持续举办了500期，开展了18 000多场学术报告，切实起到了师生互动、教学相长、学科交融、促进交流的作用。学校积极资助博士生到世界一流大学开展交流与合作研究，超过60%的博士生有海外访学经历。清华于2011年设立了发展中国家博士生项目，鼓励学生到发展中国家亲身体验和调研，在全球化背景下研究发展中国家的各类问题。

　　在博士学位评定方面，权力要进一步下放，学术判断应该由各领域的学者来负责。院系二级学术单位应该在评定博士论文水平上拥有更多的权力，也应担负更多的责任。清华大学从2015年开始把学位论文的评审职责授权给各学位评定分委员会，学位论文质量和学位评审过程主要由各学位分委员会进行把关，校学位委员会负责学位管理整体工作，负责制度建设和争议事项处理。

　　全面提高人才培养能力是建设世界一流大学的核心。博士生培养质量的提升是大学办学质量提升的重要标志。我们要高度重视、充分发挥博士生教育的战略性、引领性作用，面向世界、勇于进取，树立自信、保持特色，不断推动一流大学的人才培养迈向新的高度。

清华大学校长

2017年12月5日

丛书序二

以学术型人才培养为主的博士生教育,肩负着培养具有国际竞争力的高层次学术创新人才的重任,是国家发展战略的重要组成部分,是清华大学人才培养的重中之重。

作为首批设立研究生院的高校,清华大学自 20 世纪 80 年代初开始,立足国家和社会需要,结合校内实际情况,不断推动博士生教育改革。为了提供适宜博士生成长的学术环境,我校一方面不断地营造浓厚的学术氛围,一方面大力推动培养模式创新探索。我校从多年前就已开始运行一系列博士生培养专项基金和特色项目,激励博士生潜心学术、锐意创新,拓宽博士生的国际视野,倡导跨学科研究与交流,不断提升博士生培养质量。

博士生是最具创造力的学术研究新生力量,思维活跃,求真求实。他们在导师的指导下进入本领域研究前沿,吸取本领域最新的研究成果,拓宽人类的认知边界,不断取得创新性成果。这套优秀博士学位论文丛书,不仅是我校博士生研究工作前沿成果的体现,也是我校博士生学术精神传承和光大的体现。

这套丛书的每一篇论文均来自学校新近每年评选的校级优秀博士学位论文。为了鼓励创新,激励优秀的博士生脱颖而出,同时激励导师悉心指导,我校评选校级优秀博士学位论文已有 20 多年。评选出的优秀博士学位论文代表了我校各学科最优秀的博士学位论文的水平。为了传播优秀的博士学位论文成果,更好地推动学术交流与学科建设,促进博士生未来发展和成长,清华大学研究生院与清华大学出版社合作出版这些优秀的博士学位论文。

感谢清华大学出版社,悉心地为每位作者提供专业、细致的写作和出版指导,使这些博士论文以专著方式呈现在读者面前,促进了这些最新的优秀研究成果的快速广泛传播。相信本套丛书的出版可以为国内外各相关领域或交叉领域的在读研究生和科研人员提供有益的参考,为相关学科领域的发展和优秀科研成果的转化起到积极的推动作用。

感谢丛书作者的导师们。这些优秀的博士学位论文,从选题、研究到成文,离不开导师的精心指导。我校优秀的师生导学传统,成就了一项项优秀的研究成果,成就了一大批青年学者,也成就了清华的学术研究。感谢导师们为每篇论文精心撰写序言,帮助读者更好地理解论文。

感谢丛书的作者们。他们优秀的学术成果,连同鲜活的思想、创新的精神、严谨的学风,都为致力于学术研究的后来者树立了榜样。他们本着精益求精的精神,对论文进行了细致的修改完善,使之在具备科学性、前沿性的同时,更具系统性和可读性。

这套丛书涵盖清华众多学科,从论文的选题能够感受到作者们积极参与国家重大战略、社会发展问题、新兴产业创新等的研究热情,能够感受到作者们的国际视野和人文情怀。相信这些年轻作者们勇于承担学术创新重任的社会责任感能够感染和带动越来越多的博士生,将论文书写在祖国的大地上。

祝愿丛书的作者们、读者们和所有从事学术研究的同行们在未来的道路上坚持梦想,百折不挠!在服务国家、奉献社会和造福人类的事业中不断创新,做新时代的引领者。

相信每一位读者在阅读这一本本学术著作的时候,在吸取学术创新成果、享受学术之美的同时,能够将其中所蕴含的科学理性精神和学术奉献精神传播和发扬出去。

清华大学研究生院院长

2018 年 1 月 5 日

导师序言

推移质运动是泥沙输移的主要形式之一,其直接影响河流的冲淤演变过程。研究推移质的运动规律,具有重要的理论意义和工程价值。

推移质的运动规律非常复杂,具有显著的随机特征。早期的研究无论是在理论上还是在方法上都不考虑随机特征,所提出的推移质输沙公式仅在时空平均的意义上才成立。以汉斯·爱因斯坦(H. A. Einstein)为代表的泥沙学者率先提出了概率论与力学相结合的方法,推导出推移质运动强度和水流参数之间的数学表达式,将推移质理论与悬移质扩散理论联系起来。这些理论工作对泥沙研究的进程产生了深远的影响。

从试验研究的角度来看,深刻认识推移质运动的特性,需要不断提升观测的时空分辨率。近些年来,图像处理技术的快速发展为在颗粒尺度下研究推移质的运动特征提供了可行的技术手段。捕捉推移质的每一次运动过程并进行完整的解析,对技术的要求是相当高的。第一,图像采集的采样频率和采样历时要满足要求,明确各影响因素引起的误差;第二,在复杂背景下,算法要准确高效地追踪颗粒;第三,在动床条件下,同步测量水流和推移质的运动,支撑两相运动的耦合分析。

本书构建了水沙耦合测量系统,实现了在复杂背景下推移质颗粒的多目标追踪和相关区域的水流同步测量,根据实测数据分析了推移质的随机运动特征和床面-泥沙-水流的耦合关系,取得了如下创新成果。

(1)提出了基于卡尔曼滤波的推移质运动颗粒追踪新算法,量化了采样时间间隔对测量推移质运动参数的影响,构建了基于图像处理的水沙同步耦合测量系统。

(2)通过多组次的推移质输沙试验,得到了推移质的运动参数随水流与粒径的变化规律,澄清了起动概率与运动概率的异同,验证了运动步长/时长的概率密度符合长尾型分布的假设。

(3)采用双相机进行同步拍摄,记录二维水流与泥沙运动的信息,根据对两相时间序列的相关分析,发现对瞬时泥沙运动产生影响的水流相为沿流向的脉动流速与 Q4-Q2 事件。

　　本书提出的试验方法具有一定的参考意义,且取得的创新成果也有助于深入理解颗粒尺度下推移质运动的随机特征。

李丹勋

2018 年 7 月于清华大学

摘　要

推移质运动规律是河流动力学研究的核心问题之一,也是解决诸多水利工程实际问题的关键。经典的推移质运动理论建立了时均意义上的输沙率与水流强度之间的关系,而在颗粒尺度上深入揭示了水沙耦合运动的特性,这是目前泥沙运动力学中推移质研究的前沿和重点。

近年来,图像处理技术的快速发展和广泛应用为高频率、高精度观测水流和推移质运动奠定了基础。本书基于图像处理技术的自主研发,建立了可以实现水沙同步测量的平台;进行多组次的水槽试验,获取了高时空分辨率下的推移质运动图像;通过图像处理和统计分析,深入研究了颗粒尺度下推移质运动的特征,初步揭示了瞬时的水流-泥沙运动之间的相关关系。

本书的主要研究工作及取得的新认识如下。

(1) 在复杂背景下进行高频测量时,基于图像相减和灰度相关来追踪推移质运动颗粒的经典两步方法难以满足试验要求;在 3 个方面对经典方法进行了改进,包括通过结合原图像的二值化来确定颗粒质心、通过卡尔曼滤波确定颗粒的当前位置以及通过全局关联得到完整的真实颗粒链,这些改进可以有效解决传统方法的不足。

(2) 当对推移质运动进行高频图像测量时,试验结果受图像参数的影响不可忽略。以采样时间间隔为例,识别出的运动颗粒的数量随采样间隔线性增加,计算得到的颗粒运动速度随采样间隔减小,而输沙率则与采样间隔无关。针对本书的试验条件,给出了选取采样间隔、样本容量、采样历时与采样面积的参考准则。

(3) 基于高时空分辨率的测量平台,在明渠水槽中进行了 3 种粒径的 45 组均匀沙输沙试验,分析了运动颗粒数量、起动颗粒数量、运动颗粒速度、运动步长、运动时长,以及输沙率的时均特征和概率密度分布,确定了床面形态与推移质运动颗粒数量,及速度分布的对应关系,量化了沿流向脉动流速、Q4-Q2 事件与运动颗粒数量的相关关系。结果表明：①运动颗粒数量、速度与输沙率等皆满足类指数分布；②运动步长与时长的概率密度符合幂律分布和广义极值分布；③流向脉动流速、Q4-Q2 事件与运动颗粒数量的相关系数随水流强度增强。

关键词：明渠试验；图像处理技术；图像测量参数；推移质运动；水沙关系

Abstract

Bed-load transport constitutes a central topic in river dynamics and plays a pivotal role for addressing some practical issues in hydraulic engineering. The transport rate, which has been intensively described by classic theories in relation to average flow, remains an open frontier problem in terms of instantaneous water-sediment interaction at grain scale.

The fast development/application of imaging technique in the past years provides a high spatial/temporal method for bed-load measurement. This book presents a new image-based platform that enables simultaneous measurement of flow and bed-load particles. Experiments have been conducted in the platform, and results of bed-load dynamics as well as water-sediment correlations have been obtained.

Major findings are as follows.

(1) The classic two-step method, which relies on image subtraction and grey correlation, fails in high-frequency measurement against complex background. Effective improvement has been achieved through image binarization for determining particle center, Kalman filter for locating particle displacement, and global connection for constructing particle chain.

(2) Bias errors occur in high-frequency measurement of bed-load motions which are characterized by a typical flight-rest pattern. An increase in the sampling interval, for instance, leads to a linear growth of moving particles and a linear reduction of particle velocity, while the transport rate remains unchanged. Recommendations have been given for choice of sampling interval, sample size, measurement duration, and sampling area.

（3）Experiments have been conducted in an open channel. The experiments consist of 45 flow-sediment combinations involving bed-load particles at three sizes. Bed-load transport parameters have been calculated and statistically analyzed, including number of moving particles, number of entrained particles, particle velocity, flight length, flight time, and sediment transport flux. The relationships among bed-form, spatial distribution of number of moving particles and particle velocity have also been quantified. Results indicate that ① the PDFs of flight length and flight time are heavy tailed, following generalized extremum distribution and power distribution in separate. ② the PDFs of number, velocity of moving particles and transport flux are exponential-like distribution. ③ the correlation coefficients between streamwise fluctuating velocity, Q4-Q2 events and the number of moving particles increase with flow intensity.

Key words：open channel flow；image processing technique；parameters of image measurement；bed-load transport；flow-sediment relationship

目　录

Contents

第 1 章 引 言

1.1 研究的背景和意义

推移质指在运动过程中频繁与床面产生接触的泥沙颗粒,其运动形式包括滑动、滚动、跃移和层移等。推移质运动既是水流驱动的结果,同时也对水流的紊动结构产生深刻影响。推移质直接参与造床是控制河流冲淤过程的重要因素(Yalin,1972;钱宁 等,2003;Church,2006),在卵砾石及粗沙河床演变中的作用尤为突出(Meunier,2006;Lajeunesse et al.,2010;范念念,2014)。研究推移质的运动规律,具有重要的科学及工程意义。

推移质运动非常复杂,呈现出典型的随机性。早期的研究大多不考虑推移质运动的随机性,仅通过量纲分析/数据回归(Meyer-Peter et al.,1948)或力学分析/能量平衡(Bagnold,1966)等方法,建立时空平均意义上推移质输移与水流强度之间的关系,即推移质平衡输沙公式。Einstein(1949)引入概率论来描述颗粒起动-运动-落淤的过程,由此推求推移质输沙率,其思想对现代泥沙运动力学研究产生了深远影响(Yang et al.,1971;Lisle et al.,1998;Ancey et al.,2002;Ancey et al.,2006;Papanicolaou et al.,2002;马宏博,2014;范念念,2014;孟震,2016;Bottacin-Busolin et al.,2017;Oh et al.,2018)。

显然,Einstein 理论/方法依赖于对推移质在颗粒尺度上运动特征的准确描述。近年来,高速摄像机和图像处理技术的快速发展为研究单颗粒尺度下的颗粒运动特征和瞬时水流与泥沙的耦合关系提供了高效研究手段(Lajeunesse et al.,2010;Roseberry et al.,2012;Heyman,2014;Shim et al.,2017),有力推动了推移质输沙理论的发展(Ancey et al.,2006;Furbish et al.,2012)。

目前,应用图像处理技术来观测推移质运动已成为泥沙研究的热点和难点之一。一方面,为了适应复杂背景下的高频率、高精度测量,需要不断对已有技术进行评估、改进与拓展,推动技术进步与应用;另一方面,通过新技术的应用,可以在更高的时空分辨率下量化推移质的运动特征,合理评价过去的研究结果,在深化认识的基础上达成共识,这也是本书研究工作的重点。

1.2　推移质输沙研究现状综述

1.2.1　推移质输沙测量方法研究综述

1. 图像拍摄方式

图像测量法伴随图像采集技术及计算机发展应运而生,具有非接触不干扰流场、时空信息全面等优点,近年来在推移质运动测量中得到广泛应用。

Bagnold 在 20 世纪 40 年代就开始利用摄像机拍摄风沙运动轨迹,20 世纪 70~80 年代,图像测量技术被用于研究推移质颗粒的运动(Paintal,1969;Grass 1970;Drake et al.,1988)。胡春宏和惠遇甲(1990a)在 20 世纪 90 年代初利用高速摄影技术获得了单颗粒泥沙的二维跃移轨迹,唐立模等(2006,2008)利用 4 台摄像机记录了颗粒的三维运动图像。目前图像测量以二维为主,在技术上力争提高测量频率和测量精度。就二维测量而言,根据相机的安装位置可将图像测量方法分为顶面(底面)拍摄和侧面拍摄两种主要方式。

顶面(底面)拍摄将相机安装在水槽的顶部或者底部,并保证相平面与床面平行(Frey et al.,2003;Radice et al.,2006;Zimmermann et al.,2008;Lajeunesse et al.,2010;Roseberry et al.,2012)。其中底面拍摄方法(Séchet et al.,1999)只能应用于单层推移质且颗粒较为稀疏的情况,而顶面拍摄方法能够获得表层颗粒的运动特征(如运动颗粒在空间的分布特征)和单颗粒运动轨迹等,对于多层推移质运动的情况误差较大。明渠中的顶面拍摄方法会受到自由水面的影响,部分研究者(Tregnaghi et al.,2012;孙东坡 等,2015)在拍摄区域水面上放置透明塑料板,也有部分研究者(Lajeunesse et al.,2010)利用图像处理算法来消除水面波动的影响。

侧面拍摄(胡春宏和惠遇甲,1990a;Lee et al.,2000;Ancey et al.,2002;Nezu et al.,2004)将相机置于水槽侧面,能够获取颗粒沿水流方向及垂向的颗粒运动特征。为了固定成像比例,侧面拍摄一般只能观测某一水流立面,有学者甚至在水槽宽度基本等于粒径的极窄水槽中(Ancey et al.,2003)进行拍摄(极窄水槽的边壁效应在一定程度上影响了颗粒的运动,因此其结果的可靠性存疑)。侧面拍摄无法获取断面的输沙率信息。

2. 图像处理技术

图像处理软件主要有 Khoros,ImageJ,MATLAB 和 OpenCV 等。Khoros(Papanicolaou et al.,1999)是由新墨西哥大学开发并运行在 UNIX 系统上的软件,其运行效率低(1.7min/frame),使用年代较早且应用范围较小,因而近年来鲜有使用。ImageJ 是由美国国立卫生研究院(National Institutes of Health,NIH)基于 Java 开发的图像处理软件,能够应用于多种平台,且占用内存空间小、运行速度快,被研究者(Roseberry et al.,2012)应用于图像识别中。MATLAB 是美国 MathWorks 公司开发的商业数学软件,其代码简洁,图像处理工具包和高级数学计算的功能完备,被广泛用于处理推移质颗粒的识别及追踪。OpenCV 具有丰富的函数、强大的图像和矩阵运算能力,近年来在多目标追踪方面应用较多,但其代码复杂,适用于熟悉 C++语言的研究者。综上所述,Khoros 和 ImageJ 没有包含高级数学计算函数,因此不能应用于颗粒追踪;MATLAB 与 OpenCV 都能够有效地识别和追踪颗粒,在运行速度和使用简洁程度等方面各有特点,因此目前两种软件各有拥趸。

无论采用何种软件处理推移质运动图像,其核心目标均为颗粒识别(如颗粒形状、面积、中心位置及特征点位置等)和多目标追踪。颗粒识别的算法包括图像预处理、图像分割(阈值分割,边缘检测和区域提取法)和特征提取(基于局部细节特征的算法)等核心技术,识别结果一般用于获得推移质颗粒组成和粒径分布、颗粒间的相互位置关系如暴露度等,以及作为颗粒追踪的初始位置(张家怡,2010;Graham et al.,2005;孙东坡 等,2015;周双,2015;Frey et al.,2003;Roseberry et al.,2012)。

多目标追踪方法的一般步骤包括目标识别和多目标关联(匹配)。目标识别指获取颗粒的初始位置,有部分研究者采用图像相减(帧差法)进行图像识别(Papanicolaou et al.,1999;Keshavarzy et al.,1999;Radice et al.,2009),也有部分研究者(Séchet et al.,1999;Frey et al.,2003;Zimmermann et al.,2008;刘春嵘 等,2008;孙东坡 等,2015)采用无差别识别第一帧图像中所有颗粒的方法,还有部分研究者(Lajeunesse et al.,2010;Radice et al.,2017)采用染色颗粒进行识别。帧差法根据颗粒运动后图像的像素

值发生的变化,将最有可能发生运动的颗粒作为第一帧的目标颗粒,提高了
运算效率和正确率。无差别识别方法适用于床面颗粒较大且稀疏排列的情
况,若床面颗粒较小且排列密实,则颗粒的辨识度降低,颗粒的误匹配率增
加(苗蔚 等,2015)。染色颗粒方法仅能识别部分染色颗粒,识别结果会缺
失部分信息。

　　多目标关联方法就是判定第二帧与第一帧目标的相似性,并持续追踪单
颗粒泥沙的运动轨迹。匹配方法主要分为灰度互相关(Campagnol et al.,
2013;Miao et al.,2015)、最小距离法(Böhm et al.,2006)和匈牙利算法
(Heyman,2014)等。灰度互相关是对连续两帧的原始图像进行互相关计
算,以识别的颗粒中心作为诊断窗口在第一帧的中心,以颗粒粒径为诊断窗
口边长,对两帧图像在一定范围内进行诊断窗口的互相关计算,相关系数峰
值处为颗粒在第二帧的位置。最小距离指将相减后几何距离最小的两个正
负区域匹配为同一颗粒在两帧中的位置。匈牙利算法的关键技术是寻找二
分图的增广路径来实现完美匹配,二分图在本书中指相减后负值区域的集
合与正值区域的集合,详细的计算步骤参见文献(谷稳,2013)。早期也有部
分研究者(Hu et al.,1990a,1990b)采用人工判读的方法获取运动颗粒的轨
迹。在较为相似且复杂的背景下,人工判读的准确率较高但效率低,难以提
高样本容量以进行有效的统计分析。

　　理论上,若目标数量稀少、形状不变且保持持续运动,基于上述图像匹
配的各种方法皆能追踪到多颗粒在图像序列中的运动轨迹。事实上,在低
水流强度下,推移质颗粒多以滚动或跳跃形式进行间歇性运动,颗粒之间的
遮蔽也多有发生,上述方法皆有局限性。针对目标追踪过程中的复杂情况,
研究者(Bar-Shalom,1987)引入了先验模型如卡尔曼滤波与粒子滤波等,根
据前期运动规律估计当前目标状态。同时,针对每一时刻目标数量的变化
和观测的不确定性等问题,研究者(彤丽 等,2013)提出了最近邻法(nearest
neighbor,NN)、联合概率数据关联法(joint probability data association,
JPDA)、多假设跟踪法和近年来的仿生算法。这些方法基本能够解决多目
标追踪中的复杂问题。

3. 图像测量参数

　　在室内水槽试验中,不论采取侧面拍摄还是俯视拍摄,由于推移质在时
空尺度上存在间歇性与随机性,图像测量参数对推移质运动的测量结果会
产生不可忽略的影响。图像测量参数包括采样间隔、样本容量、采样历时和

采样面积等,但目前针对图像测量参数的研究较少。

由于推移质运动具有非连续的特点,若使用不同的采样间隔,测得的运动参数并不一致。在理论上,提高时间分辨率,采用较小的采样间隔进行测量,可以获取更精细的推移质运动信息;但在实际试验中,若采用很小的采样间隔,颗粒在两帧之间的位移可能太小以至于无法有效识别。Radice 等(2006)指出,采样间隔的合理值应该对应于 Nikora 等(2002)提出的推移质运动的中间尺度,但他未对采样间隔的影响进行定量研究。

床面推移质运动在空间上也呈现显著的非均匀性。研究者(Radice et al.,2010;Roseberry et al.,2012)通过试验发现,运动颗粒的位置在空间上的分布存在各向异性,而这种不均匀的空间分布可能与水流相干结构有关(Drake et al.,1988;Séchet et al.,1999)。另外,采样窗口的尺寸也会影响运动步长与时长的精度(Fathel et al.,2015)。因此,若对推移质运动结果进行空间平均,需要考虑运动颗粒分布的空间特性,选择合理的采样面积。

同时,由于推移质运动在时间尺度上具有随机性,根据统计理论可知,若采用时间平均的方法获取推移质运动结果,则结果能否收敛取决于相互独立的样本数量或者连续采样的样本时长。Roseberry 等(2012)研究发现,随着采样面积的增大,运动颗粒数量的变异系数降低,即波动性减弱,但他未分析合理的采样面积值。

1.2.2 推移质运动特征研究综述

在较低的水流条件下,泥沙运动表现出了间歇性与随机性(Einstein,1950;Papanicolaou et al.,2002;Schmeeckle et al.,2007)。随着测量手段的提高,特别是图像测量技术的发展,研究者开始对颗粒尺度的推移质运动特征展开试验与理论研究(Lajeunesse et al.,2010;Furbish et al.,2012a,2012b;Roseberry et al.,2012;Fathel et al.,2015;Furbish et al.,2016;Shim et al.,2017),主要包括运动颗粒数量、起动概率、运动速度、运动步长、运动时长、跃高、停时等参数。在理论研究方面,部分研究者主要依据颗粒力学与运动学特征建立滚动/跃移的运动模型。Wiberg 和 Smith(1985,1989)基于对单颗粒受力的确定性分析,建立了跃移运动模型,根据模型能够得到随时间变化的单颗粒轨迹,进而能够得到运动步长、跃高和运动速度等参数。Sekine(1992)在跃移模型中考虑三维随机的颗粒与床面的碰撞过程,得到修正的跃移轨迹。白玉川等(2012)根据颗粒的受力分析,建立颗粒跃移运动模型,从而获取跃移轨迹,得到跃高、运动步长、运动时长和运动速度等参数。沈颖(2013)和徐海珏等(2014)建立了滚动运动模型,并根据模型求解起动概率、起动流速、单步步长和单步时长等参数。这些研究均基于确定性的受力分析,忽略了水流脉动的影响。

随着对颗粒运动和水流随机特性的深入认识,基于力学与概率论相结合的推移质运动特征研究也取得了重要成果。Paintal(1971)基于 Einstein 随机理论,考虑了颗粒暴露度的影响,以此获取起动颗粒数量。韩其为和何明民(1980)将单颗粒泥沙运动近似视为马尔可夫(Markov)过程,建立了泥沙颗粒运动的随机模型,进而推导得到起动概率、运动步长和速度等参数。Parker 等(2000)将单步步长、起动/落淤率引入艾克纳方程(Exner equation)中,建立了随机理论体系。Kleinhans 和 van Rijn(2002)在 Meyer-Peter 输沙公式的基础上,增加了颗粒暴露度的随机特性,预测了非均匀沙的输沙率。Charru(2006)根据瞬时起动/落淤率建立输沙平衡方程,得到运动颗粒数量。Ancey 等(2008)同样将颗粒运动视为马尔可夫过程,在 Einstein 模型中加入群体输移的特征,得到单位面积床面的颗粒运动个数与随机变化规律。Heyman 等(2013)、Heyman(2014)和马宏博(2014)根据考虑群体输移特征的马尔可夫的随机模型,分析了停时的概率密度分布。范念念(2014)对于以滚动和滑动为主的推移质颗粒建立朗之万方程,推导得到用于描述颗粒运动速度概率密度分布的福克尔-普朗克方程,根据朗之万方程模拟得到运动步长与时长,认为运动步长符合长尾型的幂律分布而非窄尾型的指数分布。

试验观测是深入理解推移质运动规律的基本手段,室内水槽实验最早可追溯到 Gilbert(1914)。早期的水槽实验以观测输沙率与水流强度为主(Shields,1936),其后随着图像测量技术的引入,少量的且背景清晰的推移质颗粒的运动轨迹能够被人工或简单的图像追踪方法识别,例如,胡春宏和惠遇甲(1990b,1991,1993)通过人工识别跃移颗粒在中垂面的运动轨迹,得到运动步长、运动速度、加速度和跃高等参数的统计均值的变化规律。Fernandez Luque 和 Van Beek(1976)则从水槽顶部拍摄运动颗粒,追踪得到运动轨迹,并获得运动步长、速度等参数的时均统计值的变化规律。Niño 和 García(1994)从水槽侧面获取颗粒的运动步长、跃高与速度的统计均值与方差。Séchet 和 Le Guennec(1999)对采集的在光滑床面上稀疏分布的泥沙图像进行颗粒识别,得到运动步长、停时统计均值和概率密度分布。唐立模等(2006,2008,2013)开展了三维颗粒运动特性的测量,得到颗粒运动速度在 3 个方向的时均值和紊动特性。Ancey 等(2002,2003)、Böhm 等

(2006)、Heyman(2014)和马宏博(2014)均在极窄的水槽下进行中垂面泥沙颗粒的长距离追踪,得到运动颗粒数量与停时等参数的随机分布特性,其中运动颗粒的数量符合负二项分布,停时在较低水流强度呈现双隆起型。

最近的研究已经能够在粗糙动床条件下开展顶面拍摄高时空分辨率的精细测量。Lajeunesse 等(2010)通过对染色颗粒的追踪,得到颗粒的运动轨迹,统计分析了运动颗粒数量、运动速度、运动步长与时长的时均特征和概率分布,其流向的运动速度符合指数分布,展向运动速度符合正态分布。Roseberry 等(2012)精细地追踪了低水流强度下的运动颗粒轨迹,发现运动颗粒数量符合二项分布,流向与展向运动速度分别满足指数分布和正态分布,颗粒运动步长与时长均符合伽马分布。Campagnol 等(2013,2015)通过精细化测量研究了颗粒运动速度的随机特性。Shim 和 Duan(2017)通过试验发现运动步长随水流强度呈现分段的规律,即在低水流强度下,运动步长与水流强度无关;而在高水流强度下,运动步长随水流强度线性增大。Ali 和 Dey(2017)及 Furbish 等(2017)基于精细测量研究不同时间尺度下颗粒的扩散特性。

除室内水槽外,在天然河流中也进行了大量的试验观测,研究者(Hassan et al.,1991,2013;Liedermann et al.,2013)通过在河流中放置示踪颗粒,获得一次洪水过程或一段时间内示踪颗粒的位移分布。

目前,对于推移质运动特征的参数存在多种理论假设与测量结果,参数的时均值与概率密度分布均未达成共识,对于运动参数时均值随水流强度的变化存在多种说法。表1.1统计了多位研究者的推移质运动参数中的运动步长和运动速度,可以发现其相互之间存在较大的差异。参数概率密度由于需要较多的样本量,在测量上也存在一定的难度,目前部分参数如运动速度的概率密度分布结果较为统一,均为类指数型分布,而如运动步长和时长的分布则存在争议。

表 1.1　文献中运动步长与运动速度的时均值的规律

研　究　者	运动步长 L	运动速度 U
Fernandez-Luque 和 Van Beek(1976)	$L/D=16$	$U=11.5(u_* - 0.7u_{*c})$
Abbott 和 Francis(1977)	L 与 D 无关	$U=a(u_* - u_{*c})$, $a=13.4\sim14.3$
Sekine 和 Kikkawa(1992)	$L/D=3000\Theta^{0.25}(\sqrt{\Theta}-\sqrt{\Theta_c})$	$U=8(u_*^2 - u_{*c}^2)^{0.5}$

续表

研 究 者	运动步长 L	运动速度 U
Niño 和 García(1994)	$L/D=2.3\Theta/\Theta_c$	$U=a(u_*-u_{*c})$, $a=6.8\sim8.5$
Hu 和 Hui(1996)	$L/D=27.5(\rho_s/\rho)^{0.94}\Theta^{0.9}$	$U=11.9(u_*-0.44u_{*c})$
Lajeunesse 等(2010)	$L/D=70(\sqrt{\Theta}-\sqrt{\Theta_c})$	$U/u_*=4.4(1-\sqrt{\Theta_c/\Theta})+$ $0.11/\sqrt{\Theta}$
Shim 等(2017)	$L/D=4,\sqrt{\Theta}<0.25$ $L/D=32.2\sqrt{\Theta}-4.6,\sqrt{\Theta}\geqslant0.25$	—

1.2.3　水沙耦合运动机理研究综述

推移质颗粒在水流作用下运动,当水流作用力大于摩擦阻力时,泥沙起动,开始输移过程(钱宁 等,2003)。而泥沙在输移过程中,不仅耗散水流的能量,使近底床面的雷诺应力变小(Dey et al.,2012),也会逐渐形成床面结构,如沙纹、沙波等,而床面结构也会反过来影响输沙(Einstein et al.,1952)和水流。因此,水流、泥沙输移与床面形态之间存在相互耦合的关系。

对于明渠床面附近而言,已发现的最重要的水流相干结构为条带结构与猝发事件。条带结构最早是由 Kline 等(1967)在利用氢气泡示踪的水流试验中发现的,指在近壁区存在的高速与低速相间的条带。经过统计研究(Schraub et al.,1965;Nezu,1997)发现,在黏性底层和部分缓冲区,低速条带之间的间隔为固定值,采用内尺度(ν/u_*=水流黏滞系数/摩阻流速)进行无量纲的条带间隔为 100 左右,但条带间隔会在向外区喷射的过程中逐渐增大(Nakagawa et al.,1981;Carlier et al.,2005)。Lee(2011)和 Tomkins、Adrian(2003)在水流的外区和对数区均发现条带结构,Kinoshita(1967)在野外实验中也同样发现了与水深同尺度的条带结构。王浩(2016)通过图像处理得到条带间隔,如图 1.1 所示,发现条带间距在水深范围内连续发育。

猝发现象实际就是条带结构的破坏过程(钟强,2014),即条带向下游运动过程中的抬升和突发的振荡破碎。猝发现象又包含了喷射和清扫两个事件,喷射指床面附近的低速流带向外区运动,清扫指外区的高速流带向床面俯冲(Kim et al.,1971)。按照 Willmarth 和 Lu(1972)的象限分析法,喷射对应的水流脉动流速为 $u'<0$、$v'>0$(u,v 分别对应沿流向和垂向的脉动

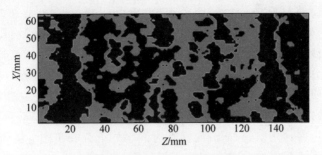

图 1.1 基于图像处理获取的水流条带结构(王浩,2016)

流速),由于处于 u'-v' 坐标系中的第二象限,因此也称为"Q2 事件",如图 1.2 所示;相应的,清扫对应的水流脉动流速为 $u'>0$、$v'<0$,称为"Q4 事件"。

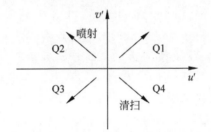

图 1.2 象限事件划分示意图

相干结构对推移质运动特性的影响,在细颗粒稀疏沙的运动试验中已有明显表征。细颗粒稀疏沙对水流的跟随性较好,能够清晰地反应水流对泥沙运动的影响规律。Niño 和 Garcia(1996)发现细颗粒聚集在低速条带区,可以形成稳定的间隔状分布,形似水流条带结构的分布,与图 1.1 中条带结构的分布十分相似。Nelson 等(1995)也在试验或者数值模拟中发现了相似现象。王殿常(2000)利用图像处理技术,得到沙纹特征尺度在水槽中的分布,以及其随水流强度的变化规律。基于该现象,Nakagawa 和 Nezu(1981)认为沙纹是由于二次流形成的,二次流产生沿展向分布的高低速流带,高速流带区泥沙运动较多且床面无沙,低速流带区泥沙运动较少且沙粒聚集,间隔分布的高低速流带能够解释间隔分布的沙纹结构。但是研究者(王殿常,2000;王浩,2016)发现,沙纹在水槽中心较为明显,而在边壁不明显,因此认为二次流(边壁更明显)无法解释这一现象。

同样地,在粗糙床面上的推移质运动一段时间后,也会出现与稀疏颗粒类似的空间分布,表现为间隔的凸起与凹陷,分别称为"沙脊"和"沙槽",水槽试验和野外河流中均出现此类现象(Shvidchenko et al.,2001；Karcz,1973)。与稀疏沙在水槽中的分布一致,研究者(Colombini et al.,1995)发现沙槽与沙脊在水槽中心比较明显,而边壁不明显。王浩(2016)和 Zhong等(2016)分析了沙纹的特征后认为:条带状的沙纹是由于流向涡引起的,流向涡即明渠中由壁面引起的瞬时随机的水流结构,其与二次流的相似点在于,二者在展向上的分布均为高低速条带；其与二次流的不同点在于,二次流是由边壁作用引起,而流向涡在时间平均上存在于边壁附近。流向涡的强度随水流强度发生变化,在水槽中心处,水流较强,流向涡较强,则形成明显的沙槽与沙脊；而在水槽边壁处,水流较弱,则沙槽与沙脊不明显。

二次流与流向涡的解释沙纹形成机理的模型,实际上都需要两步确认,一是确定象限事件与泥沙运动的关系,二是确定泥沙输移与床面形态的关系。对于象限事件与泥沙运动的关系,部分研究者(Sutherland,1967；Nezu et al.,2004；Radice et al.,2013)通过象限事件与泥沙运动强度的间接相关,认为清扫导致床沙的运动；部分研究者(Thorne et al.,1989；Nelson et al.,1995)发现 Q4-Q1 事件与输沙率均随水流强度增加,因此认为 Q4-Q1 事件导致了床沙运动。Hofland(2005)则将单颗粒泥沙的起动与水流直接建立相关关系,发现 Q2 事件使得床沙运动。Shih 等(2017)通过对单颗粒泥沙的精确分析发现,连续的 Q4-Q1-Q4 事件可以促使泥沙起动。

可以发现,目前的研究或针对泥沙相和水流相的间接相关,或针对单颗粒起动,对于粗糙可动床面的泥沙输移与水流相干结构关系的直接定量化研究较少,完全同时同地的测量水流与泥沙运动在技术上也存在一定难度。对于泥沙输移与床面形态的关系,目前的研究多为定性观察,缺乏定量化的研究。

1.3　研 究 内 容

通过研究综述可知,基于图像处理技术的推移质运动特征研究目前尚存在以下不足。

(1)推移质追踪算法大多基于低频简单背景,对高频复杂背景下的算法较少,适应性有待验证；图像测量参数对推移质输沙结果的影响未引起足够的重视,且没有量化的分析研究。

(2)对于均匀沙运动特征,以单颗粒为研究尺度的研究较少,对于时均运动特征值与水流强度的关系未形成统一认识,对于运动参数的试验数据存在样本量不足、部分运动参数结构缺失等问题。

（3）在水流与推移质的耦合关系研究方面,目前缺少床面形态与输沙参数量化关系的结果,也缺少瞬时水流多参数与输沙多参数直接相关关系的研究。

本书在明渠中开展平整床面均匀沙推移质输沙试验,利用双相机同步测量水流与泥沙两相,同时利用槽尾接沙称重法对推移质输沙量进行测量,利用基于双目视觉的三维地形测量系统获取试验前后无水条件下的三维地形。本书的技术路线如图 1.3 所示。

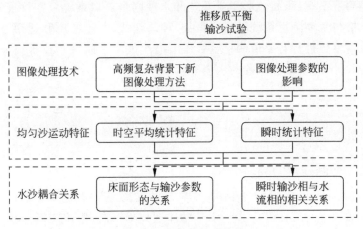

图 1.3　本书的技术路线

本书主要研究内容如下。

（1）针对高频复杂背景下的推移质运动图像,对已有的推移质追踪方法进行改进,以适用于本书推移质运动的图像序列分析要求。

（2）分析图像测量参数对推移质输沙结果的影响,并为推移质试验的图像测量参数的选取提出建议。

（3）基于对试验数据的统计分析,研究均匀沙运动参数(包括运动颗粒数量、起动颗粒数量、运动颗粒速度、运动步长、运动时长与输沙率)的时均值随水流强度及粒径的变化规律,分析运动参数的概率密度分布特征及其随水流强度的变化规律。

（4）定量分析床面形态与推移质输沙参数包括运动颗粒数量与运动颗粒速度空间分布的关系,并以此为基础,分析床面形态的形成过程。

（5）基于对试验数据的统计分析,研究多个参数之间的相关关系,定量解析瞬时水流相与瞬时泥沙相的耦合关系。

第2章 试验平台与过程

推移质平衡输沙(均匀沙)试验在明渠水槽中进行。水槽试验平台包括输沙量测量系统、床面地形测量系统和水沙同步测量系统。本章首先简要介绍水槽与主要测量系统的技术框架、硬件组成、测量精度和适用范围,对关键技术参数进行必要说明;然后详细描述试验中的重要技术细节,列出完成的共计45组水沙试验的水流泥沙条件。

2.1 试 验 平 台

2.1.1 水槽

试验用明渠水槽位于清华大学泥沙实验室。水槽长为11m,宽为0.25m,高为0.25m(图2.1)。水槽整体框架为钢制,槽体三面为超白钢化玻璃,便于进行观测。水槽采用升降螺杆调坡,坡降范围为0~1.5%。通过水泵从水库引水至水槽中,流量大小由转速控制,由安装在入水管处的电磁流量计(精度为0.5%)测量,最大流量为25L/s。为了稳定流态,在入水

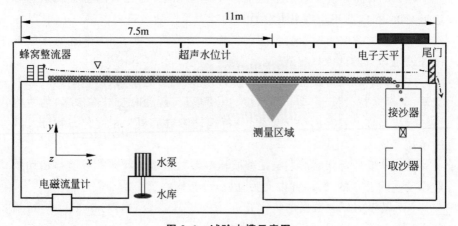

图 2.1 试验水槽示意图

口处安装蜂窝整流器,在出水口处安装活页式尾门。水槽沿程设有 6 个超声水位计监测水位,精度为±0.5mm。

为便于叙述,定义坐标轴如下:沿水流方向(流向)为 x 轴正方向,垂直于床面向上(垂向)为 y 轴正方向,垂直于 x-y 平面并与床面平行方向(展向)为 z 轴,z 轴正方向由右手定则确定。

流量与水位的监测均集成在 Joy Fluid Control(JFC)软件中。其中,流量与水位数据保存为 txt 文件,保存频率为 1s。试验前利用水位计采集原始床面高度,试验开始时调节水泵转速与尾门至恒定均匀流,试验过程中实时监测流量与水位数据。水位数据与原始床面高度数据的差即水深。

2.1.2　输沙量测量系统

在水槽尾部设有由电子天平、接沙器和取沙器组成的输沙量测量系统,如图 2.2 所示。电子天平的测量频率为 1s,精度为 0.1g,测量范围为 0～30kg。接沙器为长方体(图 2.2(b)),悬挂在电子天平上。在其上部水平放置与水槽玻璃底面平齐的不锈钢栅格,以平稳水流(图 2.2(a));为了控制接沙器的晃动程度,在其底部安装固定底座(尺寸略大于接沙器,不与接沙器接触)。取沙器为单独设备(图 2.2(b)),在取沙时将其置于接沙器底部阀门以下,接满后可将沙取出。

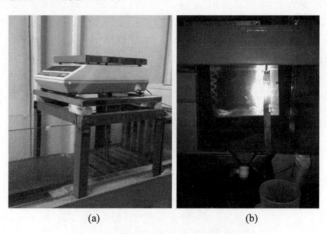

(a)　　　　　　　　　　　　(b)

图 2.2　槽尾接沙系统(孟震,2016)

(a) 电子天平;(b) 接沙器与取沙器

推移质由水槽尾部的栅格落入接沙器中,电子天平能够实时测量接沙器中的累计沙重。完成一次输沙试验后,将接沙器的阀门打开,使沙粒落入取沙器中。电子天平数据采集终端为 Joy Sediment Measurement(JSM)软件,数据保存为 txt 格式文件。

图 2.3 展示了单次试验条件下输沙量随时间的变化过程。在平衡输沙条件下输沙量随时间线性增加,而直线的斜率即输沙率。

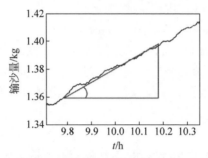

图 2.3　单次试验条件下输沙量随时间的变化

2.1.3　床面地形测量系统

使用基于双目视觉的三维地形测量系统来测量床面地形,系统硬件包括两台单反相机和 LED 光源,其中两台相机安装在测量区域水槽上方的上下游(如图 2.4 所示,分别称为"上游相机"和"下游相机"),确保两台相机拍摄图像的交集位于测量区域中。本书使用的上游相机型号为佳能 5D(最大画幅为 $3840 \times 5760 \text{ pixel}^2$),下游相机为尼康 D800E(最大画幅为 $7360 \times 4916 \text{ pixel}^2$)。两台单反相机均与电脑终端链接,利用相机厂商提供的控制软件进行监控拍摄。

图 2.4　床面地形测量系统中的上、下游相机

三维床面地形测量系统的具体实现方法详见文献(钟强 等,2015),基本测量步骤包括以下两步

（1）内外参数标定。内参数的标定采用棋盘格法（Zhang,1999），具体标定方法参考开源工具箱（http://www.vision.caltech.edu/bouguetj/calib_doc/）。获取相机的内参数，包括焦距、图片中心和畸变系数等。具体步骤如下：固定两台相机的位置，调整相机的参数（包括焦距和光圈）至合适值；将棋盘格放置在测量区域范围内，变换其位置和高程，使得棋盘格尽量覆盖可能的测量区域，拍摄不同角度的棋盘格照片；将拍摄的图片，根据棋盘格上已知的三维坐标进行标定，确定相机的内外参数。

（2）同名点对匹配。采用尺度不变特征变换（scale invariant feature transform,SIFT）关键技术（Lowe,2004）对同名点对（同一世界坐标在两台相机中的图像点对）进行匹配。根据同名点对和相机内外参数获取拍摄区域的三维高程，单组试验床面的三维地形结果如图 2.5 所示。

系统的测量精度为 0.05mm。三维地形测量在本书试验中仅用于无水条件下的地形测量。

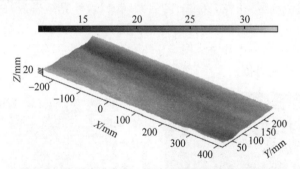

图 2.5　单组试验床面三维地形结果示例（前附彩图）

2.1.4　水沙同步测量系统

在距离水槽入口端 7m 处的测量区域安装有水沙同步测量系统，能够实现对二维流场与泥沙运动的同步测量，其硬件设备包括高频粒子图像测速（particle image velocimetry,PIV）系统、粒子追踪测速（particle tracking velocimetry,PTV）系统、塑料压波板、脉冲信号激发器（同步器）和数据采集工作站，图 2.6 给出了系统示意图。

PIV 系统用于测量水槽中垂面的流场，由高速摄像机（相机 2：IDT-Y7）和 8W 连续激光器组成，其中相机架设在水槽侧面，激光器自水槽顶部向下打出片状光区，照亮水槽的中垂面。固定相机安装的位置后，标定相机分辨率为 21.6pixel/mm，每次试验组次的采样面积设为 1000Hr pixel^2，Hr 为

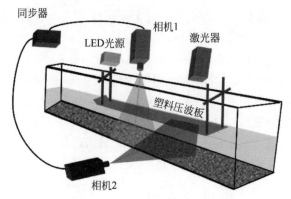

图 2.6　水沙同步测量系统示意图

单次试验水深对应的像素值,采样频率和模式则由同步器控制。

　　PIV 系统的主要原理是计算两帧图像相应诊断窗口的相关系数,具体计算步骤参见文献(王龙,2009;陈启刚,2014),计算结果为每一图像对中各诊断窗口中心在流向与垂向的位移。图 2.7(a)展示了原始测量图像的一部分,水流方向由左至右;图 2.7(b)给出了相应部分流场的计算结果,颜色代表位移绝对值的大小,而箭头代表了位移的大小与方向。

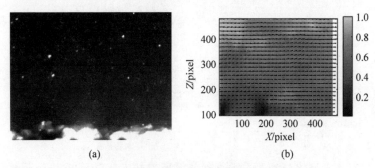

(a)　　　　　　　　　　　　(b)

图 2.7　PIV 系统的原始图像与计算流场(前附彩图)
(a) 原始图片;(b) 计算流场

　　PTV 系统用于测量推移质的运动,安装在 PIV 系统的上游邻近位置,由高速摄像机(相机 1:IDT-Y7)和 LED 光源组成,其中高速摄像机安装在水槽顶部,其 CMOS 平面与床面平行(拍摄床面运动的泥沙颗粒)。确定相机安装位置后,拍摄床面分辨率为 88.02 pixel/cm,采样面积为 1080×1920 $pixel^2$,采样频率和模式同样由同步器控制。

　　通过两帧图像的灰度相减及互相关计算,可以实现推移质颗粒的追踪。

在复杂背景条件下进行高频采样,传统追踪方法有很大的局限性,本书对此进行了改进,将在第 3 章详细介绍。

计算结果为每一颗运动颗粒在流向和展向的运动轨迹,包括运动颗粒数量、起动颗粒数量、运动速度、运动步长与运动时长等参数。运动颗粒数量指颗粒在两帧间发生位移的颗粒数量;起动颗粒数量指颗粒从当前两帧开始运动的颗粒数量;运动速度指根据两帧间的位移计算出的颗粒瞬时运动速度;运动步长指在单个颗粒轨迹中颗粒从起动到落淤的距离;运动时长指在单颗粒运动轨迹中颗粒从起动到落淤所需的时间。

同步器使用 Quantum9520 系列,连接 PIV 系统与 PTV 系统的相机。在实际设置时指定 PIV 相机为主相机,PTV 相机为从属相机。此同步器的采样模式有 4 种,分别为连续(continous)、单点(single point)、群发(burst)和负载循环(duty cycle)。本书使用负载循环模式,触发与非触发循环进行,如图 2.8 所示,以固定频率 f_2 采集一对图像后,间隔固定时间 $\Delta t(=1/f_1)$ 再采集一对图像,按此模式循环采集,直至设定的最大采样帧数。

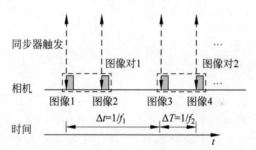

图 2.8　同步器触发模式负载循环

选取此采样模式主要是考虑到水流与推移质计算所需的频率不同。流速测量频率需满足流场的 1/4 准则(Zhong et al.,2015),在本书的流量条件下,测量间隔 ΔT 的设定范围为 $1/800 \sim 1/600\mathrm{s}$;推移质测量时间间隔 Δt 需要满足一个取值范围(Miao et al.,2018),既不超过单步运动时长的 0.1 倍,又要保证颗粒在相邻两帧的位移超过 1 个像素,在本书主体试验条件下,ΔT 取固定值 0.01s。样本容量要满足统计值的收敛需求,根据预试验的统计,取总样本容量为 24 000 帧,对应的采样历时为 4min。

数据采集工作站即电脑终端,通过网线与交换机链接,使用相机控制软件(Motion Studio)同步控制两台相机的采集。

由于本书试验在明渠中进行,水面波动会影响对泥沙的精确追踪,因此在水面上放置一个定值尺寸的塑料压波板(图 2.6);压波板的主体为一块长 30cm、宽 24.5cm 的透明塑料平板,在长度方向能够覆盖 PIV 与 PTV 的总采样长度,宽度方向约为水槽宽度,保证了两台相机水流条件的一致性;在压波板的迎流面安装了一块 30°倾斜面,以确保来流不会越过压波板造成新的扰动;在压波板四角安装了 4 个螺杆,螺杆上端横向安装了两个架杆,使压波板能以一定高度固定在水槽中,压波板距离床面的高度可调,确保了在不同水深条件下的测量。压波板对水流会造成一定的影响,文献中大多认为其对近底水流的影响可以忽略(Roseberry et al.,2012;Tregnaghi et al.,2012;孙东坡 等,2015),本书同样认为该影响可以忽略。

2.2 试验过程与组次

2.2.1 试验过程

试验过程包括试验前期的准备工作、试验中的测量和试验后期的工作 3 个部分。

1. 试验前期准备工作

使用天然沙进行试验,沙的密度为 $\rho_s = 2650\text{kg/m}^3$。试验前在整个床面平铺 2.5cm 厚度的沙,在槽尾放置高 2.5cm 的挡沙板(图 2.2(a))。

利用水位计记录沿程的原始高程,利用三维地形仪检验床面的平整程度;使用水槽控制软件(Joytech Flow Controller,JFC)打开水泵,缓慢放水至指定流量,调节尾门使得沿程水位一致,在此过程中每隔 1s 数据自动保存在本地的 txt 文件中。

连接并测试水沙同步测量系统,确保两台相机对焦清晰,确保激光器与 LED 光源可用。根据流量水位条件计算满足四分之一法则所需的频率,在同步器上设定水流与泥沙的测量频率为 100Hz。在相机控制软件上设置曝光时间,分别设置采样面积(泥沙测量取全画幅,水流测量沿流向取 1000pixel、沿垂向取水深),设置样本容量为 24 000 帧,最后设定图片的存储路径。

2. 试验中的测量

在固定流量与水位条件下运行 3～5min,直至输沙平稳。打开电子天平记录软件(JSM)，电子天平开机后会自动归零。水流波动会促使集沙器上下运动，造成电子天平的负值，因此在电子天平自动归零后，需在电子天平上放置重物，确保电子天平的读数均为正值。利用 JSM 实时记录累积输沙量。

在水沙测量区域水面放置压波板，调整压波板的螺杆，使压波板刚好处在自由水面上，且对前后水位的影响最小，如图 2.9 所示。之后打开激光器与 LED 光源，开启相机进行测量，保存推移质运动图像与中垂面的水流图像，采样时长为 4min。测量图像先实时保存在相机内置的内存卡中，内存卡的容量为 64GB。保存完成后通过连接线下载到计算机文件夹中，下载时长约为 40min。

图 2.9　自由水面上的压波板

3. 试验后期工作

所有测量任务完成后，缓慢调节水泵变频器至零，关闭电子天平的读数软件。将集沙器阀门打开，将沙放置于取沙器中，留待下一组次的试验使用。取下压波板，待床面无水时，利用三维地形仪测量试验后的床面地形信息。

整个试验过程中不加沙。由于试验段处在水槽的中下游，因此只要保证上游的沙源充足，即可确保试验段处在平衡输沙状态。在本书的水流条件下，根据输沙率的测量结果可以判断，在正式试验过程中试验段和下游均处在平衡输沙状态。

2.2.2　试验组次

本书的主体试验共包含 45 组不同水流泥沙条件。单组试验均为均匀天然沙,利用间隔为 0.5mm 的筛子进行筛分,得到 3 组均匀沙,平均粒径 D 为 2.25mm,2.75mm 和 3.75mm。对每组均匀沙,分别进行 3 种不同坡度下的输沙试验。表 2.1 给出了详细的水流条件。其中,C1,C2 和 C3 分别代表颗粒粒径为 2.25mm,2.75mm 和 3.75mm 的试验组次。Q 为平均流量,J 为坡度,H 为水深,U_f 为断面平均流速,摩阻流速 $u_* = (gHJ)^{0.5}$,希尔兹数(Shields number)$\Theta = u_*^2/(RgD)$,颗粒雷诺数(Reynolds number)$Re^* = u_* D/\nu$,弗汝德数(Froude number)$Fr = U_f/(gH)^{0.5}$。其中 $g = 9.81 \text{m/s}^2$ 为重力加速度,$R = (\rho_s - \rho)/\rho$ 为泥沙相对密度,本书中天然沙取 1.65,ν 是水的运动黏滞系数,与水流温度有关。

　　从表 2.1 中可知,水深 H 范围为 1.84~6.41cm,摩阻流速 u_* 取值在 0.37~0.66,希尔兹数 Θ 范围在 0.038~0.1,均高于相应粒径泥沙的临界起动希尔兹数;颗粒雷诺数 Re^* 取值在 82.66~221.95,表示水流在水力粗糙区;弗汝德数 Fr 在 0.55~0.99,即水流均为缓流,自由水面不会影响到泥沙运动。

表 2.1　试验水流条件

组次	$Q/(\text{m}^3/\text{h})$	J	H/cm	$U_f/(\text{m/s})$	$u_*/(\text{cm/s})$	Θ	Re^*	Fr
C1-1	22.97	0.0025	5.90	0.43	3.80	0.040	86.95	0.57
C1-2	23.95	0.0025	6.16	0.43	3.89	0.042	93.73	0.56
C1-3	25.95	0.0025	6.41	0.45	3.96	0.043	92.78	0.57
C1-4	21.05	0.0025	5.57	0.42	3.70	0.038	82.66	0.57
C1-5	22.01	0.0025	5.82	0.42	3.78	0.039	88.57	0.57
C1-6	24.95	0.0025	6.34	0.44	3.94	0.043	95.59	0.55
C1-7	10.98	0.0060	2.98	0.41	4.19	0.048	83.25	0.76
C1-8	11.06	0.0060	3.07	0.40	4.25	0.050	88.18	0.73
C1-9	12.78	0.0060	3.11	0.47	4.28	0.050	86.58	0.83
C1-10	14.99	0.0060	3.57	0.47	4.58	0.057	95.02	0.79
C1-11	18.99	0.0060	4.08	0.52	4.90	0.066	94.60	0.82
C1-12	23.00	0.0060	4.52	0.59	5.16	0.073	98.06	0.86
C1-13	6.15	0.0120	1.84	0.37	4.66	0.059	89.26	0.87
C1-14	7.86	0.0120	2.02	0.43	3.31	0.065	63.57	0.92
C1-15	11.95	0.0120	2.72	0.49	5.66	0.088	108.70	0.94
C1-16	14.03	0.0120	2.96	0.53	5.90	0.096	110.64	0.98
C1-17	16.12	0.0120	3.22	0.56	6.16	0.100	118.31	0.99
C2-1	14.96	0.0050	3.57	0.47	4.18	0.039	98.23	0.79

组次	$Q/(\text{m}^3/\text{h})$	J	H/cm	$U_f/(\text{m/s})$	$u_*/(\text{cm/s})$	Θ	Re^*	Fr
C2-2	15.84	0.0050	3.67	0.48	4.24	0.040	96.99	0.80
C2-3	17.84	0.0050	4.00	0.50	4.43	0.044	101.80	0.79
C2-4	18.98	0.0050	4.21	0.50	4.54	0.046	105.27	0.78
C2-5	20.87	0.0050	4.46	0.52	4.68	0.049	108.35	0.79
C2-6	12.10	0.0080	3.00	0.45	4.85	0.053	110.92	0.30
C2-7	18.01	0.0080	3.76	0.53	5.43	0.066	127.51	0.88
C2-8	20.11	0.0080	3.99	0.56	5.60	0.070	129.63	0.90
C2-9	22.15	0.0080	4.23	0.58	5.76	0.075	135.25	0.90
C2-10	8.11	0.0100	2.33	0.39	4.78	0.051	112.23	0.81
C2-11	9.92	0.0100	2.59	0.43	5.04	0.057	118.32	0.84
C2-12	12.09	0.0100	2.95	0.46	5.38	0.065	126.28	0.85
C2-13	12.95	0.0100	2.97	0.48	5.40	0.065	123.39	0.90
C2-14	17.04	0.0100	3.36	0.56	5.74	0.074	134.77	0.98
C2-15	18.84	0.0100	3.64	0.58	5.98	0.080	140.27	0.96
C3-1	18.65	0.0070	3.85	0.54	5.14	0.044	162.43	0.88
C3-2	21.07	0.0070	4.16	0.56	5.34	0.047	173.34	0.88
C3-3	21.95	0.0070	4.47	0.55	5.54	0.051	182.04	0.82
C3-4	23.09	0.0070	4.30	0.60	5.43	0.049	178.54	0.92
C3-5	14.00	0.0090	3.25	0.48	5.36	0.047	176.00	0.85
C3-6	15.96	0.0090	3.39	0.52	5.47	0.049	179.76	0.91
C3-7	19.26	0.0090	3.77	0.58	5.77	0.055	183.70	0.93
C3-8	20.97	0.0090	3.87	0.60	5.85	0.056	189.58	0.98
C3-9	22.93	0.0090	4.09	0.62	6.01	0.059	192.35	0.98
C3-10	10.06	0.0140	2.33	0.48	5.66	0.053	180.60	1.00
C3-11	11.10	0.0140	2.41	0.51	5.75	0.055	185.13	1.05
C3-12	13.13	0.0140	2.70	0.54	6.09	0.061	197.49	1.05
C3-13	15.05	0.0140	3.13	0.53	6.56	0.071	210.42	0.96

2.2.3　推移质运动统计参数

　　为了叙述方便、避免符号使用混乱,这里将推移质运动统计参数进行统一说明。推移质运动参数主要包括运动颗粒数量、起动颗粒数量、运动速度、运动步长、运动时长和输沙率。根据统计尺度的不同,可以分为测量区域下的瞬时值、脉动值与时均值。尖括号"⟨⟩"代表时空平均统计值,符号"′"代表脉动值,其等于瞬时值与时空均值的差值。

1. 运动颗粒数量与起动颗粒数量

在一定的时间间隔 Δt 内,在一定的观察区域内,产生位移的颗粒的总数称为"运动颗粒数量",而从静止状态转为运动状态的颗粒的总数称为"起动颗粒数量"。显然,前者包含后者。

通过对比分析相邻的两帧图片(图像对),可以得到对应时段 Δt 的运动颗粒数量 N;若 Δt 足够小,可以近似认为 N 为瞬时值。通过分析整个图像的时间序列,可以得到运动颗粒数的时间序列,t 为图像对的序列号。在一定的水流条件下,对于整个测量区域 A,运动颗粒数量的时间序列可记为 $N(A,1),N(A,2),\cdots,N(A,n)$。运动颗粒数量的时空均值可以表示为

$$\langle N \rangle = \frac{\sum\limits_{t=1}^{n} N(A,t)}{n} \tag{2.1}$$

式中,N 为统计序列的样本数,t 为图像对的序列号。运动颗粒数量的瞬时值也可以表示为时均值与脉动值的和:

$$N(A,t) = \langle N \rangle + N'(A,t) \tag{2.2}$$

式中,$N'(A,t)$ 代表运动颗粒数量的脉动值。

在整个测量区域下,也可以分别统计各子区域的运动颗粒数量的瞬时值与时均值。整个测量区域 A 可以划分为 m 个面积为 a 的子区域,每个子区域编号分别为 $a_1,a_2,\cdots,a_m$,$N(A,t)$ 可以表示为各子区域运动颗粒数量 $N_{\text{sub}}(a_i,t)$ 的和:

$$N(A,t) = \sum_{i=1}^{m} N_{\text{sub}}(a_i,t) \tag{2.3}$$

同样可以对子区域下的运动颗粒数量的瞬时值进行时间平均。

在测量区域 A 内,起动颗粒数量的瞬时值、脉动值与时均值分别表示为 $N_e(A,t)$,$N_e'(A,t)$ 和 $\langle N_e \rangle$。

2. 运动速度

沿流向和展向的运动速度分别用 u 与 w 表示,可以根据两帧间的位移计算出瞬时运动速度。单颗粒在一对图像中的瞬时速度用 $u(i,t)$ 表示,i 表示颗粒的编号。则在测量区域 A 中全部运动颗粒的平均速度 $U(A,t)$ 为

$$U(A,t)=\frac{\sum_{i=1}^{N(A,t)}u(i,t)}{N(A,t)} \tag{2.4}$$

$U(A,t)$ 与 $N(A,t)$ 的长度一致。运动速度的时空均值表示为

$$\langle U\rangle=\frac{\sum_{t=1}^{n}U(A,t)}{n} \tag{2.5}$$

$u(i,t)$ 与 $U(A,t)$ 均可以表示为时空均值与脉动值的和：

$$u(i,t)=\langle U\rangle+u'(i,t)$$
$$U(A,t)=\langle U\rangle+U'(A,t) \tag{2.6}$$

$u'(i,t)$ 与 $U'(A,t)$ 分别代表单颗粒与单组图像对的运动速度脉动值。

与子区域下的运动颗粒数量相似,同样可以统计子区域下的全部运动颗粒的平均速度 $U_{sub}(a_i,t)$。$U_{sub}(a_i,t)$ 与 $U(A,t)$ 的关系为

$$U(A,t)=\frac{\sum_{i=1}^{m}U_{sub}(a_i,t)}{m} \tag{2.7}$$

3. 运动步长与运动时长

运动步长指在单个颗粒运动轨迹中颗粒从起动到落淤的空间距离,运动时长指在单颗粒运动轨迹中颗粒从起动到落淤所经历的时间。

运动步长与运动时长是按照颗粒编号进行统计的,无法按照图像对统计。同一颗粒编号下的运动步长与运动时长分别记为 $\Lambda(j)$ 和 $T(j)$,$j=1,2,\cdots,j$ 为颗粒编号,nc 为识别出的颗粒链总数量。所有颗粒链的平均运动步长与运动时长为 $\langle\Lambda\rangle$ 和 $\langle T\rangle$,

$$\langle\Lambda\rangle=\frac{\sum_{j=1}^{nc}\Lambda(j)}{nc}; \quad \langle T\rangle=\frac{\sum_{j=1}^{nc}T(j)}{nc} \tag{2.8}$$

4. 推移质输沙率

本书中推移质输沙率有两种获取方式。第一种方式是利用槽尾的接沙系统,电子天平每隔 1s 记录一次输沙量,输沙量对时间取斜率后即输沙率,如图 2.3 所示。由电子天平测量的时空平均的输沙率记为 $\langle gb_e\rangle$,无量纲的时空平均输沙率为 $\langle\Phi_e\rangle$。第二种方式是利用运动颗粒数量与运动速度,

根据文献(Lajeunesse et al.,2010；Ballio et al.,2014)中的推移质计算方法,计算得到推移质输沙率:

$$gb(A,t) = \frac{\pi}{6} D^3 N(A,t) U(A,t) \qquad (2.9)$$

式中,$gb(A,t)$代表瞬时的输沙率,时均的输沙率即$\langle gb(A,t)\rangle$。时均无量纲输沙率表示为

$$\langle \Phi \rangle = \langle gb(A,t)\rangle / \sqrt{RgD^3} \qquad (2.10)$$

2.3 本章小结

本章介绍了进行主体试验的明渠水槽和相应的测量系统。明渠水槽为钢制框架、超白钢化玻璃槽体,坡度 0~1.5％可调,适合推移质运动研究。水槽流量由电磁流量计观测(精度为 0.5％),沿程水位由 6 个超声水位计观测(精度±0.5mm),累积输沙量由电子天平观测(精度 0.1g),床面地形观测由基于双目视觉的三维地形测量技术实现。

水沙同步测量系统包括测量中垂面流场的 PIV 系统和测量推移质运动的 PTV 系统,二者通过同步器进行关联。PIV 系统主要通过计算两帧图像中诊断窗口的相关系数判定诊断窗口中心的位移;PTV 系统主要通过图像相减和颗粒区域互相关,得到单颗粒的运动轨迹;同步器能够确保 PIV 系统与 PTV 系统同步测量,同步器采样频率的设定需要同时满足 PIV 系统与 PTV 系统的计算要求,采用负载循环模式,设定了两个频率。

试验用沙为天然均匀沙,粒径为 3 组(平均粒径分别为 2.25mm, 2.75mm 和 3.75mm)。通过变化坡度与流量,共设计了 45 组不同的水流泥沙条件。水流条件均高于推移质的临界起动条件,均为紊流,处于水力粗糙区。

推移质运动参数主要包括运动颗粒数量、起动颗粒数量、运动速度、运动步长、运动时长和输沙率。统计分析这些参数时皆涉及瞬时值与时均值。

第3章　推移质运动图像测量方法

本章采用无干扰的高速摄影方法作为技术手段,研究追踪推移质颗粒的运动。为高效获取推移质的运动信息,将高速摄像机置于水面以上与床沙平行进行俯拍。为提高俯拍图像颗粒的识别精度,本章改进了传统的两步方法,并增加了新的步骤,最后利用仿真图像和试验图像分别对新的三步方法进行了检验。

3.1　传统颗粒追踪方法的适用性

目前常用的图像处理技术可以概化为一种两步方法,下文称为"两步方法"(Campagnol et al.,2013):第一步为识别运动颗粒的位置;第二步为在相邻两帧图像中匹配运动颗粒。两步方法在测量单一背景稀疏颗粒的运动中适用性良好(Zimmermann et al.,2008;Böhm et al.,2006;Heyman,2014),如图3.1(a)所示的简单背景,下文称为"单一背景";而本书的图像背景(图3.1(b)),即图像从床沙顶面拍摄,背景由与运动颗粒相似的颗粒组成,下文称为"复杂背景"。两步方法会产生较大的误差,误差来源于两个方面:一是高频测量带来的问题,二是复杂的背景造成的问题。

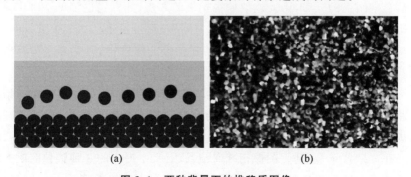

（a）　　　　　　　　　　　　　（b）

图 3.1　两种背景下的推移质图像

（a）单一背景下推移质运动示意图；（b）复杂背景下推移质运动实际图像

在采用图像方法进行推移质测量时,为提高时间分辨率,采样的时间间隔应该尽可能小(Radice et al.,2006),即采样频率尽可能大。但增大采样频率后,会导致颗粒在相邻两帧图片间的距离过小(位移小于一个粒径),从而影响测量精度。以图 3.2 为例,主流方向向上,虚线圆和实线圆分别代表颗粒在第一帧和第二帧的位置,空心点和实心点则代表相减部分的质心和颗粒的真实质心。图 3.2(a)对应了测量频率较低时的情况,单颗粒在两帧的位移超过一个粒径,在此情况下仅利用两帧图片相减便可以得到颗粒的真实质心;图 3.2(b)对应高频测量的情况,单颗粒在两帧图片间的位移小于一个粒径,图片相减后,获得的质心与颗粒真实的质心不重合。这种不重合现象不但影响颗粒的匹配(灰度的互相关与最小距离法均需要精确的颗粒质心位置),也影响颗粒速度的测量精度。

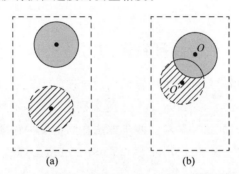

图 3.2   单颗粒在相邻两帧图片上的位置示意图
(a) 低频测量;(b) 高频测量

复杂背景会带来更多挑战。本书关注整个水槽宽度范围内推移质运动参数在空间上的分布,因此选取俯视拍摄的方法,此方式也多见于研究单颗粒运动的文献(Radice et al.,2006;Lajeunesse et al.,2010;Roseberry et al.,2012;孙东坡 等,2015)。在俯视拍摄的图像中,运动颗粒与背景相同或非常相似。

在复杂背景下,图像相减后的正负区域的数量与真实运动颗粒的数量可能不符。当某一颗粒恰好运动至与自身灰度十分相似的位置时,相减后的灰度差很小,此运动颗粒被忽略,运动颗粒数量因此被低估。

在复杂背景下,基于图像相减的结果,上文中提出的 3 种颗粒匹配方法皆不理想。灰度互相关法不仅受颗粒质心位置不准确的影响,而且相似颗粒会造成多个相关系数的峰值,无法判断正确峰值;最小距离法可能会出现多个相近的颗粒,无法进行有效匹配;匈牙利算法属于基于已知点信息进行匹配的算法,对颗粒数量和位置的误差尤为敏感。

利用两步方法中的图像相减与灰度互相关算法计算实测图像,结果如图 3.3 所示,不同颜色的点代表同一颗粒的运动轨迹。通过人工对比发现,两步方法对实测图像产生了严重的误识别、漏识别等现象,在图 3.3 中表现为颗粒链的断开(红色椭圆标志的位置),需要进行改进。

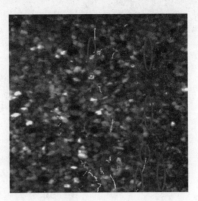

图 3.3　两步方法计算本书实测图像结果(前附彩图)

3.2　新颗粒追踪方法

考虑到传统两步方法在分析本书实测图像时产生了很大误差,适用性差,本节提出新的颗粒追踪方法。新方法基于传统两步方法,对图像相减和颗粒匹配进行了改进,并在此基础上增加了全局关联的算法,修复误断开的颗粒链并剔除存在明显问题的错误颗粒链。本书的颗粒追踪方法利用MATLAB 软件编程实现。

3.2.1　图像预处理与相减

典型的复杂背景下的原始颗粒图像如图 3.4(a)所示,水流方向由下向上。为了提高图像质量,原始图像需要先进行预处理,包括顶帽变换用于消除不均匀的背景和图像均衡化用于平衡灰度范围。进行预处理后的图像如图 3.4(b)所示。在图像技术中图像预处理属于常规方法。

相邻两张图像相减后,颗粒的初始位置和当前位置均会产生明显的灰度差(Keshavarzy et al. ,1999;Radice et al. ,2006),而背景的差值则在零

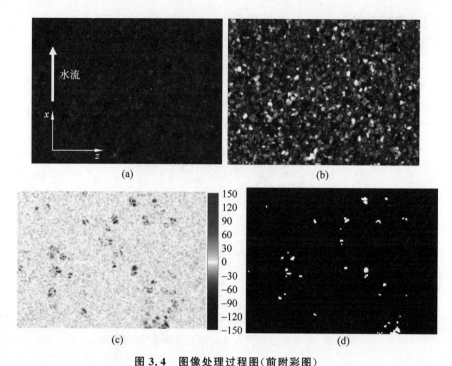

图 3.4　图像处理过程图（前附彩图）
（a）原始图像；（b）预处理后图像；（c）连续两帧图片的灰度差；
（d）根据图（c）提取的运动床沙

值附近。在泥沙起动试验中，由于运动泥沙暴露度大、距光源近，其对应的灰度一般比静止泥沙大；当泥沙发生运动后，其初始位置的灰度变小而当前位置的灰度增大。若利用第二帧图片减去第一帧图片，初始位置的灰度为负，当前位置的灰度为正。在分析本书实际拍摄的图片时发现，运动颗粒既可能比静止颗粒亮，也可能比静止颗粒暗，但前者出现概率极低，在统计分析时不会对测量结果产生根本影响。图 3.4（c）展示了一张典型的灰度差分布图，图中成对出现的正负峰值清晰地标识了运动泥沙的初始位置和当前位置。

　　以图 3.4（c）中数值为正或负的部分为分析对象，经二值化处理即可求得运动泥沙可能的位置和面积。本书以数值为负的部分为分析对象，二值化阈值使用大津法确定。为尽量减少测量噪声对结果的影响，对二值化结果进行形态学开运算，以剔除尺寸小于 $2\times2\mathrm{pixel}^2$ 的伪颗粒。图 3.4（d）展示了根据图 3.4（c）所示的灰度差提取出的运动泥沙分布的大致位置（一个白色连通区域代表一颗运动泥沙)。

　　获取了运动颗粒的大致位置后,则需要进一步确定运动颗粒的准确位置。在本书的测量频率下,存在颗粒重叠的问题,如图 3.4(c)中相近的颗粒。为了解决颗粒重叠的问题,三步方法增加了确定颗粒质心的算法。具体步骤如下。

　　以相减后的区域中心为中心点,在 1.5 倍粒径范围内对第一帧图像进行二值化(充分利用单颗粒的灰度与背景存在的差异),将二值化后的中心点视为准确的颗粒质心,并获取二值化区域的面积与最长直径。如果二值化后的质心位置为多个,取离中心点最近的为初始质心。图 3.5 展示了真实图像相减后区域的位置(红色星号)和二值化后重新确定质心的位置(蓝色点)的对比。

图 3.5　颗粒质心的大致位置与准确位置(前附彩图)

3.2.2　颗粒追踪

　　确定了运动颗粒的准确位置后,可以进行颗粒追踪。为了减小由相似背景造成的误差,本书在灰度互相关的基础上增加了卡尔曼滤波的方法,其能够预测和优化颗粒轨迹,具体步骤如下。

1. 计算灰度的互相关系数

　　诊断窗口在第一帧以颗粒质心(z_1, x_1)为中点,最长颗粒直径为边长,图 3.5 中的红色方框代表一个诊断窗口。第二帧的诊断窗口的尺寸与第一帧相同,而质心(z_2, x_2)取一定范围内的所有像素点:

$$z_2 \in [z_1 - a_1 r, z_1 + a_2 r], \quad x_2 \in [x_1 - b_1 r, x_1 + b_2 r] \quad (3.1)$$

式中,r 为颗粒最长边的一半,z 为水槽的展向方向,x 为流向,水流方向标记在图 3.4(a)中。质心点的范围代表颗粒能够在两帧之间运动的最大位移,范围(a_1,a_2,b_1,b_2)需要根据采样频率和颗粒运动速度来确定,本书通过预计算的方法获取得到最强水流条件下的质心范围为$(1,1,0,3)$,即颗粒在展向的位移不超过一倍粒径,流向的位移不超过1.5倍粒径(3倍半径)。通过计算第一帧固定位置的诊断窗口与第二帧不同中心点诊断窗口的灰度互相关系数,能够获取互相关系数矩阵(如图3.6为互相关系数矩阵的等高线图),尺寸为$((b_1+b_2)r\times(a_1+a_2)r)$。

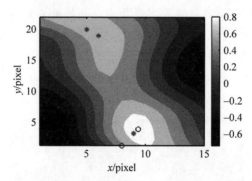

图 3.6　互相关系数矩阵的灰度等值线图(前附彩图)

2. 确定颗粒的当前位置

理论上,互相关系数越大代表两个诊断窗口的灰度分布越相似,则峰值点的位置为理论上的颗粒的当前位置。但是由于运动颗粒与背景的相似性,互相关系数矩阵中常出现两个甚至多个峰值(如图3.6红色星号所示),因此就需要对颗粒的当前位置进行进一步判别。最直接的判别方法为最大值法(取峰值最大处作为当前位置)或最小距离法(将距初始位置最近的峰值作为当前位置)。但当颗粒在运动过程中滚动时,同一颗粒在x-z面的灰度分布可能相似度不大,因此,最大值法失效,而最近距离法也无法排除其他相似颗粒的影响。因此,仅利用相关系数峰值来判定当前位置,无法有效规避由于背景相似产生的误差。

本书选取卡尔曼滤波(Welch et al.,1995)作为预测当前位置的方法。该方法根据颗粒在上一帧的位移、颗粒在本帧的测量值(相关系数的峰值)和误差值,来预测当前值并计算最优值。

卡尔曼滤波对本帧图像的预测基于颗粒在上一帧的位移,即认为颗粒在运动过程中是连续的。为了增强算法的准确性,展向上考虑了前一对图像的位移,沿流向则考虑了前两对图像的位置和位移:

$$Z(k \mid k-1) = Z(k-1 \mid k-1) + w(k-1)\Delta t + w_{k1} \tag{3.2}$$

$$X(k \mid k-1) = X(k-1 \mid k-1) + u(k-1)\Delta t +$$

$$\frac{1}{2}\alpha(k-1)\Delta t^2 + w_{k2} \tag{3.3}$$

式中,k 代表当前时刻,$(k-1)$ 代表上一时刻。$Z(k \mid k-1)$ 和 $X(k \mid k-1)$ 分别代表在展向和流向基于 $(k-1)$ 时刻的 k 时刻的预测位值、$Z(k-1 \mid k-1)$ 和 $X(k-1 \mid k-1)$ 在 $(k-1)$ 时刻的最优位置。$u(k-1)$ 和 $w(k-1)$ 是在 $(k-1)$ 时刻的瞬时流向和展向流速。$\alpha(k-1)$ 是 $(k-1)$ 时刻的加速度,需要通过 $(k-2)$ 时刻的速度获得。Δt 为采样时间间隔。w_{k1} 和 w_{k2} 为符合高斯分布的过程噪声,均值为 0。根据式(3.2)和式(3.3)预测当前位置位于图 3.6 中蓝色圆圈处,取离预测位置最近的相关系数峰值点作为位移测量值。双线性插值用于获取亚像素的测量位置精度(Prashanth et al.,2009)。

在本书的测量条件下,卡尔曼预测值与测量值之间会存在一定差异(图 3.6)。卡尔曼滤波基于预测值与测量值给出了一个计算的最优值,以展向最优值的计算为例,流向与展向最优值的计算一致:

$$Z(k \mid k) = Z(k \mid k-1) + Kg(k)(Z_m(k) - Z(k \mid k-1)) \tag{3.4}$$

式中,$Z(k \mid k)$ 为通过卡尔曼滤波得到的 k 时刻的最优值,$Z_m(k)$ 代表相关系数计算获取的测量值,而权重 $Kg(k)$ 定义为

$$Kg(k) = \frac{P(k \mid k-1)}{P(k \mid k-1) + R_c} \tag{3.5}$$

式中,R_c 是常数,代表了测量误差的协方差;$P(k \mid k-1)$ 代表了预测值 $Z(k \mid k-1)$ 的协方差,在每个时刻进行更新:

$$P(k \mid k-1) = P(k-1 \mid k-1) + Q_c \tag{3.6}$$

$$P(k \mid k) = (1 - Kg(k))P(k \mid k-1) \tag{3.7}$$

式中,Q_c 代表了过程噪声的协方差,也是常数。

Q_c,R_c 和 $P(1 \mid 1)$ 是需要在颗粒追踪前确定的 3 个常数,具体的确定准则方法参见文献(Welch et al.,1995)。简单来说,R_c 值需要预测而 Q_c 和 $P(1 \mid 1)$ 则根据 R_c 来确定,存在随机性,三者的绝对值不会影响最终结果,而相对值会影响。基本原则是,如果认为测量比预测更可靠,设置 Q_c 大于 R_c,反之亦然,而 $P(1 \mid 1)$ 最好与 R_c 为同一量级,其值越接近,Kg 越容易趋于稳定。基于本书的实验条件,Q_c,R_c 和 $P(1 \mid 1)$ 分别设为 3,2,3。这意味着在本书中认为测量值略可靠于预测值,Kg 多步迭代稳定后的取值为 0.69。

　　根据式(3.3)可知,卡尔曼滤波从第三对图像开始,对前两对图像的最优位置粗略地取相关系数峰值点的最大值。

　　对于根据图像预处理与相减得到的运动颗粒进行重复操作,获取全部运动颗粒在本帧的位移。对所有颗粒进行编号,同一个颗粒在不同图像上具有相同的编号。最终获取每个运动颗粒的轨迹,包括其编号、在每一帧的位移、粒径等信息。

3.2.3　全局关联

　　改进的图像预处理与颗粒追踪的步骤,能够有效减小由高频和复杂背景引起的测量误差。但是基于各种无法预估因素的干扰,仍有部分测量存在误差,前两步的计算结果仍可能不够理想。根据人工对比发现了两个最常见的误差现象:一是完整的颗粒链容易被误识别为两个到多个子链,二是光线变化或者气泡的误识别导致部分错误的颗粒链。前者中的子链如果不进行重连接,将低估颗粒链的运动步长与时长,而后者的颗粒链如果不剔除,则将错误估计颗粒链的步长和颗粒的运动速度。这两个问题在文献中鲜有提及,本书提出了相应的解决方法。

　　一个完整的颗粒链在首尾部的位移应该较小,本书认为当首尾帧位移小于 1/4 粒径时,颗粒链可被视为首尾完整的整链,否则将其视为潜在的子链。针对每一个潜在的子链尾部,若尾部附近(1.5 倍粒径,10 帧范围内)存在一个或者多个潜在子链头部,则认为几何距离最近的两个子链应该链接成整体,其中 1.5 倍粒径是基于一个颗粒在两帧间的最大位移,而 10 帧则是前两步算法无法获取的运动颗粒帧数的上限。两个子链相连后,子链编号统一为二者中的较小值,缺失帧的颗粒位置利用线性插值得到。

　　对于链接后的颗粒链,若存在过短的颗粒链,则可以认为此颗粒没有真正的运动,仅在光线的变化下发生了灰度值的改变,过短的阈值定为颗粒运动步长小于半个粒径。另一种情况是过快的颗粒链,此颗粒链上的运动速度高于一个阈值,阈值的取值为

$$u_{\text{ture}} = \langle U \rangle + 3\delta(u) \tag{3.8}$$

式中,$\langle U \rangle$ 代表颗粒运动速度的时空均值,$\delta(u)$ 则为运动速度的标准差。

　　以上所有参数基于对本书试验条件下真实图像的人工预判,适用于本书试验条件下的图像处理。图 3.7 展示了新颗粒追踪方法的流程图。

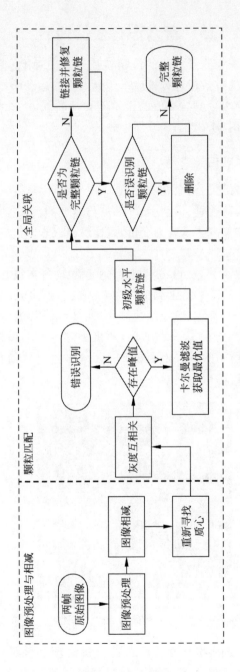

图 3.7 新颗粒追踪方法流程图

3.3 新方法有效性检验

目前对推移质图像测量方法的检验多基于人工对比,本节使用人工仿真图像对三步方法的有效性进行检验。仿真图像的运动学参数是固定且已知的,因此通过计算测量值与真值的误差能够检验新方法的有效性。本节的人工仿真图像利用 MATLAB 软件生成。

3.3.1 仿真图像检验

仿真图像的设置遵循两个基本原则。第一,仿真颗粒的形状尺寸和颜色及运动学特征(起动数量、运动步长等)需与典型的真实推移质运动相似。第二,仿真颗粒的位移需要设置为变量,以检验新三步方法在不同频率条件下的适用性。

图像尺寸设为 $250 \times 250 \text{pixel}^2$,将 8×8 颗粒均匀布设在图像上。通过将 $2 \sim 3$ 个小圆($3 \sim 5$pixel)叠加到一个中心大圆($11 \sim 16$pixel)得到不规则的颗粒形状,如图 3.8 所示,虚线圆代表小圆,实线圆代表中心大圆。中心大圆与小圆的质心距离在 $12 \sim 15$pixel,随机决定每一个颗粒的具体取值,最终得到如图 3.8 所示的不规则颗粒。对图 3.8 进行二值化,得到的等效平均粒径为 30pixel。

图 3.8　有颗粒起动后的仿真图像

每帧图像中起动的颗粒数量设为符合负二项分布的随机数(Ancey et al.,2002),而起动颗粒的位置则是随机选择。基于此分布,设定在 500

帧图像中的总运动颗粒数量 $N=590\pm30$。一个颗粒链运动被简化为起动-滑动-落淤的过程,一个颗粒在两帧之间的运动由时间间隔和位移来决定,本节仿真的时间间隔统一设定为 1s。为了分析频率产生的影响,颗粒在两帧的位移被设定为变量。这种设定等同于固定颗粒速度而变化采样频率。

设置颗粒在流向的速度为 $U=0.25D_s$,$0.5D_s$,$0.75D_s$ 和 D_s,即仿真被设为 4 个组次。由于时间间隔设为 1s,颗粒速度等同于位移。展向速度 V 设定为符合正态分布 $N(0,U/5)$ 的随机数。颗粒的运动步长和时长定义为常数 $\Lambda=5U$,$T=5s$。表 3.1 总结了仿真图像的主要变量。

表 3.1　仿真图像的变量

Case	$U/(pixel/s)$	$V/(pixel/s)$	$\Lambda/(pixel)$
S-C1	8	$\sim N(0,1.6)$	40
S-C2	15	$\sim N(0,3)$	75
S-C3	23	$\sim N(0,4.6)$	115
S-C4	30	$\sim N(0,4)$	150

当一个颗粒起动后,另一个颗粒将填补在其原始位置,如图 3.8 所示;当一个颗粒运动出图像的上边界时,该颗粒将从图像的下边界重新进入且作为一个新的颗粒。

经典两步方法和新三步方法均用于处理仿真图像,得到量化的运动参数。两种方法的基本图像处理参数保持一致,三步方法的全局链接的参数根据仿真图像设定值进行合理调整。值得指出的是,在图像边界处 1 个粒径的颗粒运动不纳入统计范围内。

对于每组仿真图像,两种方法分别处理各组 500 帧图像,并计算颗粒运动参数,包括两帧之间的颗粒运动数量、颗粒速度、颗粒链步长和时长。相对误差的均值和方差用作对比两种算法的参数。以颗粒运动数量为例,相对误差定义为

$$\varepsilon_N = \frac{N_m - N}{N} \tag{3.9}$$

式中,N_m 和 N 分别代表一对图像的颗粒运动数量的测量值和真值,下标 m 代表测量值。颗粒速度、步长和时长的相对误差与式(3.9)定义相同,用 ε_U,ε_Λ 和 ε_T 分别进行标记。

相对误差的均值和方差作为评价两种方法的参数,相对误差的正值部分代表方法对真实情况的高估,而负值部分代表方法对真实情况的低估,结

果见图 3.9～图 3.13。

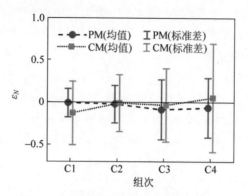

图 3.9　颗粒运动数量的误差均值与标准差

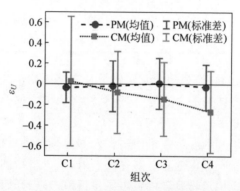

图 3.10　沿流向的颗粒运动速度的误差均值与标准差

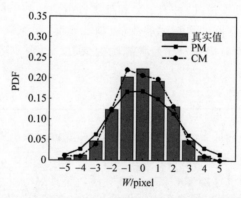

图 3.11　S-C1 组次沿展向的颗粒运动速度的概率密度函数

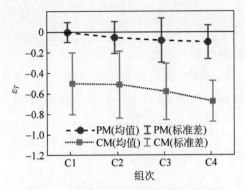

图 3.12　运动时长的误差均值与标准差

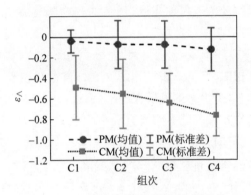

图 3.13　运动步长的误差均值与标准差

1. 运动颗粒数量

两帧之间运动颗粒数量在推移质运动过程中是一个重要参数,精确的测量是获取精确起动概率和输沙率的重要前提。

图 3.9 中的实心点代表测量误差的均值(下同),两步方法(浅色)计算仿真图像的误差平均值高达 -0.13,而三步方法(深色)则将最大误差平均值降至 -0.09。在三步方法中,误差均值均小于 0,意味着三步方法对运动颗粒的识别过于严格,误删了部分真实运动的颗粒。两种方法在不同组次(不同位移)的误差均值存在差异,但是相关关系尚不明确。

理论上,位移太小会导致得到的颗粒质心不准确,而位移增大则会使进行相关计算的区域变大,两种条件均会导致计算误差。三步方法对于这两种误差来源都进行了处理,得到了更优的结果。这个处理即卡尔曼滤波和全局关联。

图 3.9 中的误差线代表测量误差的标准差(下同),表示测量值 N_m 的离散程度。两步方法计算得到的误差标准差较大,意味着其不能够精确追踪每一对图像的运动颗粒数量,且误差标准差随位移增大而增大。三步方法则能够成功减少由于位移引起的误差。

2. 颗粒运动速度

颗粒运动速度(沿流向)是推移质运动的另一个基本参数。与两步方法相比,新三步方法的平均误差值在不同组次均可以忽略(图 3.10),而两步方法在不同组次均低估了颗粒速度,低估的程度随位移增加而加大;与此相反,三步方法对不同位移反应不敏感,可以认为是卡尔曼滤波起到了重要作用。

与误差均值相似,三步方法得到的误差标准差较两步方法也有明显减小。两步方法在 S-C1 组次的离散程度最大,这可能是由于颗粒质心选取不准确造成的。三步方法改进了两步方法在小位移上存在的问题,误差标准差较两步方法小,范围为 $15\%\sim25\%$。

沿展向的颗粒运动速度被设为符合均值为 0 的正态分布。图 3.11 展示了两种方法测量的 S-C1 组次的概率密度函数。两种方法均存在一定误差,由于展向运动不连续,三步方法较两步方法没有明显优势,三步方法产生的差异可能与低估运动颗粒数量有关。

3. 运动步长与时长

运动时长设为 5s,而运动步长设为 $5U$,结果分别展示在图 3.12 和图 3.13 中。三步方法能够有效解决运动时长和步长被两步方法低估的问题,相对误差的均值几乎可以忽略。两步方法产生的误差随位移的增大而增大,误差从 S-C1 组次的 48% 到 S-C4 组次的 76%。

两步方法在运动时长中出现了与运动步长相似的误差规律(图 3.12),但是其绝对值更大。两步方法产生的误差是由未被连续追踪的颗粒链造成的,三步方法则通过卡尔曼滤波和全局链接有效地解决了这个问题,将误差均值减小至 10%。从三步方法的误差线仍可以发现,三步方法会产生一些较小程度的高估与低估事件。

3.3.2　真实图像检验

真实的推移质运动图像取自11m水槽中进行的一组输沙试验C1-4,试验水流条件见表2.1。这组水流条件确保了部分颗粒从床面起动且水流为缓流,图像处理参数与结果参数详见第2章。图3.14展示了两步方法和新三步方法处理前200帧的结果,图中不同颜色的点代表不同颗粒的运动轨迹,通过人工对比发现新三步方法追踪的颗粒链更加完整,漏识别与误识别的情况更少。

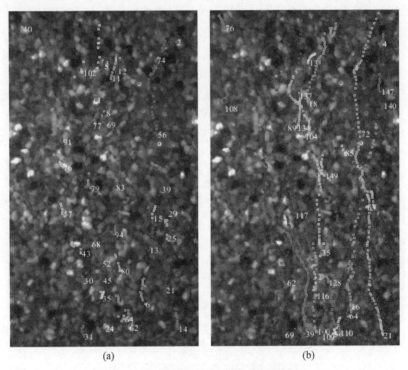

(a)　　　　　　　　　　　　　　(b)

图 3.14　颗粒链追踪结果(前附彩图)

(a) 两步方法结果；(b) 新三步方法的结果

用两种方法计算全部图像对(12 000 对)的统计平均结果如表3.2所示,可以发现在真实图像中,三步方法获得的运动颗粒数量是两步方法的2倍多;运动速度相差不多;对于运动的步长与时长,三步方法远高于两步方法。与仿真图像相比,两种方法的结果差异类似,但是绝对值不同。

表 3.2   不同算法的结果对比

方法	N	$U/(\text{cm/s})$	Λ/cm	T/s
两步方法	2.06	11.22	0.53	0.04
三步方法	5.30	12.76	1.82	0.15

3.4   本 章 小 结

本章介绍了推移质图像测量方法,分析了文献中的两步测量方法在高频复杂背景下的适用性,提出了基于传统两步方法的新三步追踪方法,利用仿真图像和真实图像检验了新方法的有效性。

传统两步方法包括运动颗粒识别与颗粒匹配,前者的技术手段依赖于图像相减或者颗粒染色,后者主要的技术手段为灰度互相关、最小距离法与匈牙利算法。传统两步方法在单一背景条件下适用性良好,但在高频复杂背景下适用性较差,主要表现在两个方面:一是当测量频率较高时,颗粒在两帧图像的位移小于 1 个粒径,仅利用图像相减无法获取准确的颗粒质心;二是当背景与运动颗粒相似时,上述 3 种技术手段均无法避免相似背景引起的误差。

本章改进了传统两步方法,在图像相减的基础上利用二值化重新确定了颗粒质心;在灰度互相关的基础上,利用卡尔曼滤波平衡测量值与预测值,得到当前位置的最优值。在改进了传统两步方法后,对于依然存在的明显误差项进行了进一步的修正,增加了全局关联,主要内容包括判断完整的颗粒链与非完整的颗粒链,对不完整的颗粒链进行了链接与修复;判断并删除过短或者过快的颗粒链,最终得到颗粒的运动轨迹信息。

利用仿真图像和实际图片对新三步算法进行了检验。仿真图像的设置原则是无限接近真实情况,将位移设置为固定变量。利用传统两步方法与新三步方法对仿真图像进行处理,得到运动颗粒数量、运动速度、运动步长与时长等参数,与真实值进行对比,发现新三步方法在处理仿真图像的精度更高,适应性更好。实际图像的对比表明,三步方法获得运动颗粒数量、运动的步长与时长皆远高于传统的两步方法。

第 4 章　图像测量参数对推移质运动参数的影响

在对推移质进行测量时,图像参数的选择非常重要。本章对主要图像参数(采样时间间隔、采样历时、样本容量与采样面积)对测量结果的影响进行了分析,并对在实际试验过程中这些参数的选择准则提出了建议。

4.1　采样间隔的影响

4.1.1　定性分析

单个推移质运动颗粒呈间歇运动特性,可以简化为"跳-停"模式(Lajeunesse et al.,2010)。图像测量技术利用相邻两帧图像来判定颗粒的位移,用两帧图片之间的时间间隔来代表颗粒的运动时长。显然,由于颗粒运动间歇性的存在,颗粒的实际运动时长可能会被高估,由此引起系统误差。

可以用图 4.1 简单说明误差。假设颗粒在 t_1 时刻之前一直处于静止状态,从 t_1 时刻开始运动,并持续运动至 t_3 时刻,然后停止运动。在实际测量时,由于无法得知 t_1 的确切时刻,图像采集的起始时刻是随机的。若采集的第一帧图像位于 t_1 时刻前的 t_0 时刻,采集的第二帧图像位于 t_1 与 t_3 时刻之间的 t_2 时刻,则测量给出的颗粒运动时长为$(t_2 - t_0)$,而实际运动时长为$(t_2 - t_1)$,则运动时长的测量值与真实值之间存在误差$(t_1 - t_0)$。

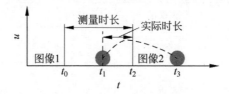

图 4.1　运动时长误差示意图

　　为进一步说明采样间隔对推移质运动参数的影响,假设三个颗粒在三帧图像中运动的简单情况。如图 4.2 所示,三帧图像中每两帧相邻的时间间隔记为 Δt_1。三个颗粒的运动方式不同:颗粒 1 从第一帧到第二帧图像的运动距离为 L_1,从第二帧到第三帧的运动距离为 0;颗粒 2 从第一帧到第二帧图像的运动距离为 L_1,从第二帧到第三帧的运动距离为 L_1;颗粒 3 从第一帧到第二帧图像的运动距离为 0,从第二帧到第三帧的运动距离为 L_1。将颗粒位置标记为 $P_t(i,j)$,代表第 i 个颗粒在第 j 帧的位置,根据设定和图 4.2 可以得到如下的颗粒位置关系:

$$\begin{cases} P_t(1,1) \neq P_t(1,2) = P_t(1,3) \\ P_t(2,1) \neq P_t(2,2) \neq P_t(2,3) \\ P_t(3,1) = P_t(3,2) \neq P_t(3,3) \end{cases} \tag{4.1}$$

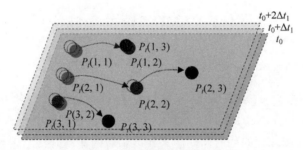

图 4.2　推移质运动概化图

　　若只分析第一帧和第二帧图片(采样的时间间隔为 Δt_1),显然颗粒 P_1 和 P_2 产生了位移,而颗粒 P_3 静止不动,因此测量得到的运动颗粒数为 2,颗粒的运动速度为 $L_1/\Delta t_1$。若只分析第一帧和第三帧图片(采样的时间间隔为 $2\Delta t_1$),则测量得到的运动颗粒数量为 3,颗粒的(平均)运动速度减小为 $3L_1/(2\Delta t_1)$,结果详见表 4.1。可见,测量识别出的运动颗粒的数量与运动步长随时间间隔的增大而增大,而运动速度则随时间间隔的增大而减小。

表 4.1　不同时间间隔下推移质运动结果测量值

时间间隔	颗粒运动数量	运动时长	速度
Δt_1	2	Δt_1	$L_1/\Delta t_1$
$2\Delta t_1$	3	$2\Delta t_1$	$2L_1/3\Delta t_1$

　　上述简单的定性分析表明,采样间隔对颗粒运动数量、运动时长和速度有直接的影响。

4.1.2　跳停模型

为量化采样间隔对推移质运动参数的影响,本节采取概化的"跳-停"模型进行分析。该模型由周期性的"跳-停"过程组成(图 4.3),以第一个"跳-停"过程为例,颗粒从 T_0 时刻运动至 T_1 时刻,在 T_2 时刻停止。记 $T = T_1 - T_0$,$T_r = T_2 - T_1$,则单颗粒运动的平均时长为 $\langle T \rangle$,单颗粒停止的平均时长为 $\langle T_r \rangle$,总时长为 $\langle T_p \rangle = \langle T \rangle + \langle T_r \rangle$。假设在单个运动时长内单颗粒的平均运动速度为 $\langle U \rangle$,则运动一个周期的平均步长为 $\langle U \rangle \cdot \langle T \rangle$,这里的运动时长 T 对应推移质运动的中间尺度(Nikora et al., 2002)。

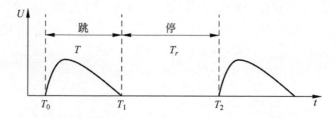

图 4.3　推移质颗粒的"跳-停"运动概化模型

当采集第一帧图像的时刻在 $[T_0 - \Delta t, T_0]$ 时,颗粒在 T_0 前的停滞被误认为运动,从而引起误差。同理,当采集第二帧图像的时刻在 $[T_1, T_1 + \Delta t]$ 时,颗粒在 T_1 后的停滞也被误认为运动。考虑采集时刻是随机的,因此若两帧图片之间的时间间隔为 Δt,则测量得到的运动时长 $\langle T_m \rangle$ 可以表示为

$$\langle T_m \rangle = \langle T \rangle + \Delta t \tag{4.2}$$

需要指出式(4.2)仅在 $\Delta t \leqslant T_r / 2$ 条件下适用,大部分文献中试验的采样间隔设置符合此条件。当 $\Delta t > T_r / 2$ 时,两个相邻的步长可能被误识别为一个,导致更复杂的结果。本书仅讨论更常见的 $\Delta t \leqslant T_r / 2$ 条件下的结果。

式(4.2)表明,运动时长在测量过程中被高估了,这与表 4.1 的定性结果一致。测量值与真实值的相对误差为

$$\delta_T = \frac{\Delta t}{\langle T \rangle} \tag{4.3}$$

在图像测量过程中,得到的颗粒在两帧之间的运动距离是真实的。若不考虑其他测量误差,则有

$$\langle U \rangle \cdot \langle T \rangle = \langle U_m \rangle \cdot \langle T_m \rangle \tag{4.4}$$

式中,$\langle U_m \rangle$ 是测量速度的均值。将式(4.2)代入式(4.4),运动速度测量值与真实值的关系表示为

$$\frac{\langle U_m \rangle}{\langle U \rangle} = \frac{\langle T \rangle}{\langle T \rangle + \Delta t} \tag{4.5}$$

式(4.5)表明,颗粒运动速度的测量值小于真实值,与表 4.1 的定性结果一致,其相对误差表示为

$$\delta_U = \frac{\Delta t}{\langle T \rangle + \Delta t} \tag{4.6}$$

用 $\langle N \rangle (\mathrm{m}^{-2})$ 代表在 t_0 时刻的运动颗粒数量真实值的均值,$\langle N_e \rangle$ 表示在 t_0 时刻静止,但在 $[t_0, t_0 + \Delta t]$ 产生位移的颗粒数量的真实值。如图 4.3 所示,$\langle N \rangle$ 对应了颗粒的运动状态,即 $t_0 \in [T_0, T_1]$,$\langle N_e \rangle$ 则对应了颗粒在 Δt 内从静止转为运动,即 $t_0 \in [T_0 - \Delta t, T_0]$。考虑 t_0 的随机性,在统计意义上,$\langle N_e \rangle$ 与 $\langle N \rangle$ 的关系为

$$\frac{\langle N_e \rangle}{\langle N \rangle} = \frac{T_0 - (T_0 - \Delta t)}{T_1 - T_0} = \frac{\Delta t}{\langle T \rangle} \tag{4.7}$$

在图像测量过程中,$\langle N_e \rangle$ 与 $\langle N \rangle$ 都被统一认为是运动颗粒数量,因此运动颗粒数量的测量值 $\langle N_m \rangle$ 为 $\langle N_e \rangle$ 与 $\langle N \rangle$ 之和:

$$\langle N_m \rangle = \frac{\langle T \rangle + \Delta t}{\langle T \rangle} \langle N \rangle \tag{4.8}$$

式(4.8)表明 $\langle N_m \rangle$ 随 Δt 的增加而增大,与表 4.1 的定性结果一致,颗粒运动数量的测量值高于真实值,其相对误差为

$$\delta_N = \frac{\Delta t}{\langle T \rangle} \tag{4.9}$$

根据式(2.9)中输沙率的计算公式,测量的推移质输沙率表示为

$$\langle gb \rangle = \frac{\pi}{6} D^3 \langle N_m \rangle \langle U_m \rangle = \frac{\pi}{6} D^3 \langle N \rangle \langle U \rangle \tag{4.10}$$

无量纲输沙率采用式(2.10)进行计算。式(4.10)说明,推移质输沙率的测量值不受采样间隔的影响。

假设跳停模型能够代表真实的推移质运动的间歇特性,利用式(4.3)、式(4.6)和式(4.9)可以统计前人实验(Lee et al.,1994;Roseberry et al.,2012;Ballio et al.,2013)中可能由采样间隔引起的测量误差,结果如表 4.2 所示。可见,时间间隔的影响是很大的。若忽略该影响,将无法有效地对比分析不同的实验结果。

表 4.2　文献测量结果的误差分析

作　者	$\Delta t/\mathrm{s}$	$\langle T_m \rangle/\mathrm{s}$	相对误差/%	
			δ_N, δ_T	δ_U
Lee 和 Hsu(1994)	0.033	0.086~0.137	24.09~38.37	15.71~27.73
Roseberry 等(2012)	0.004	0.087	4.60	4.40
Ballio 等(2013)	0.031	0.570	5.44	5.16

4.1.3　试验验证

为了验证 4.1.2 节中简化模型的分析结果在真实推移质运动中的适应性,在封闭有压槽道中进行了试验验证。

水槽位于清华大学泥沙实验室,槽道的长、宽、高分别为 6.4m,0.25m 和 0.2m,槽道由可升降水箱(最大提升高度为 8m)提供压力水头(水箱内放置薄壁堰保证压力水头稳定),槽道入口与水箱通过软管和渐变段连接,槽道出口同样连接渐变段和排水软管,保证水流平稳。流量的测量和控制通过安装在出口排水软管上的电磁流量计(0~90m³/h)和蝶形电动阀门(0~0.3MPa)实现。槽道可分为上、下游过渡段和中部试验段,长度分别为 2.2m,2.2m 和 2m。过渡段材料为不锈钢,而试验段材料则由钢化玻璃制成,可从各个侧面进行观测。观测段的底板比上下游过渡段底板低 5cm。试验使用的泥沙为粒径 1mm 的均匀天然沙,试验时在观测段平整铺满推移质天然沙(5cm 厚),在进口段粘一层同样粒径的沙粒,以保持整个槽道底板平齐和糙率一致。

推移质的测量方式与本书主体试验一致,在试验段利用高速相机和 LED 光源拍摄床沙表面的运动,但设定的相机采样参数与本书主体试验不一致,采样模式选取连续拍摄,即采样频率为 315 帧,画幅为 $640 \times 300\mathrm{pixel}^2$,分辨率为 7.7pixel/mm,总拍摄帧数为 100 000 帧。设定的采样频率大于文献(Ancey et al.,2002;Frey et al.,2003;Radice et al.,2006;Roseberry et al.,2012;孙东坡 等,2015)中给出的采样频率,这对于分析不同采样频率对推移质输沙的影响具有重要意义。表 4.3 展示了 3 组试验的水流条件和主要推移质运动参数的时空平均测量值。

表 4.3　试验条件及主要测量结果

	U_f / (m/s)	u_* / (m/s)	Re^*	Θ / (×10^{-2})	$\langle N_m \rangle$ / (m^{-2})	$\langle U_m \rangle$ / (cm/s)	$\langle T_m \rangle$ / s	$\langle \Lambda_m \rangle$ / cm	$\langle \Phi_m \rangle$ / (×10^{-2})
P-C1	0.36	0.0235	25.05	3.41	108.8	9.48	0.086	0.82	0.004
P-C2	0.37	0.0241	25.69	3.59	248.6	9.65	0.098	0.94	0.010
P-C3	0.40	0.026	28.58	4.24	1929.7	9.25	0.102	0.91	0.073

在表 4.3 中,每组时空平均测量值均基于 100 000 帧图像和 315 帧的采样频率得到。

为了研究时间间隔 Δt 对测量结果的影响,从原始图像序列中间隔地抽取图像组成新的图像序列,间隔帧数分别设置为 1,2,4,6,8,11,14,新图像序列的时间间隔分别为 1/157s,1/105s,1/63s,1/45s,1/35s,1/21s。对于每一个新序列,都采用新图像追踪的方法获取当前时间间隔下的 $\langle N_m \rangle$,$\langle U_m \rangle$,$\langle T_m \rangle$ 和 $\langle \Phi_m \rangle$,样本容量、采样历时和采样面积均保持为固定最大值。

由于各组次规律相似,以 P-C3 组次为例,对于不同 Δt 下的测量结果进行分析。

1. 运动颗粒数量

图 4.4 展示了运动颗粒数量测量值 $\langle N_m \rangle$ 随 Δt 的变化规律,与理论模型的分析一致,呈线性增长趋势,线性回归方程为

$$\langle N_m \rangle = 18\,930\Delta t + 1871 \tag{4.11}$$

粗略估计,当 Δt 从 0 到 0.04s 时,$\langle N_m \rangle$ 增加了 40%。根据式(4.8)和式(4.11)可以计算得到平均运动时长 $\langle T \rangle = 0.099$s。与 Roseberry 等(2012)给出的 0.087(表 4.2)十分接近。同时计算得到时均运动颗粒数量 $\langle N \rangle = 1871$m^{-2}。

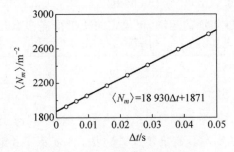

图 4.4　采样间隔 Δt 对运动颗粒数量测量值 $\langle N_m \rangle$ 的影响

2. 颗粒运动速度

测量的颗粒运动速度$\langle U_m \rangle$是沿流向的速度,图 4.5 展示了测量的时空平均运动速度$\langle U_m \rangle$随 Δt 的变化规律。很明显,与理论分析结果一致, $\langle U_m \rangle$随 Δt 的增大而减小。回归方程为

$$\langle U_m \rangle = \frac{0.94}{0.099 + \Delta t} \tag{4.12}$$

粗略估计,当 Δt 从 0 到 0.04s 时,$\langle U_m \rangle$降低了 40%。根据式(4.5)和式(4.12)的颗粒计算得到运动时长$\langle T \rangle = 0.099$s,与式(4.11)的计算结果一致。而计算得到的运动速度$\langle U \rangle = 9.49$cm/s。

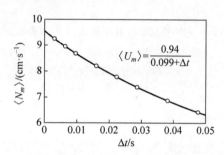

图 4.5　采样间隔 Δt 对颗粒运动速度$\langle U_m \rangle$的影响

3. 运动步长与时长

图 4.6 展示了颗粒从起动到落淤过程的统计时空平均的运动时长的测量值$\langle T_m \rangle$和运动步长的测量值$\langle \Lambda_m \rangle$随 Δt 的变化规律。从图 4.6(a)中发现,运动时长的测量值$\langle T_m \rangle$随 Δt 线性增加,其规律与理论分析结果一致,线性回归关系为

$$\langle T_m \rangle = 0.099 + \Delta t \tag{4.13}$$

根据式(4.2)和式(4.13)可以计算得到$\langle T \rangle = 0.099$s,与上文的计算结果一致。从式(4.2)可知,当 $\langle T \rangle$ 和 Δt 的量级一致时,Δt 对测量值$\langle T_m \rangle$的影响很大。例如,若 $\Delta t = 1/21$s,则$\langle T_m \rangle = 0.147$s,采样间隔对运动时长测量结果的影响不可以忽略。

从图 4.6(b)可知,运动步长与采样间隔无关,这与理论分析的结果一致。本试验组次的运动步长的平均值为$\langle \Lambda_m \rangle = 0.917$cm,最大误差不超过 1%。

需要指出的是,试验最大观测窗口在流向的尺寸为 3.85cm,仅为颗粒运动步长的 4.2 倍。尺度长于观测窗口的颗粒链未能被统计(根据人工检查发现,较少的颗粒运动出观测窗口),这仍将引起对运动步长的观测误差。

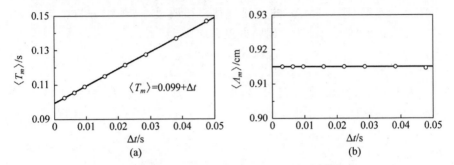

图 4.6　采样间隔 Δt 对颗粒运动时长测量值$\langle T_m \rangle$和步长测量值$\langle \Lambda_m \rangle$的影响

(a) 采样间隔 Δt 对颗粒运动时长测量值$\langle T_m \rangle$的影响;

(b) 采样间隔 Δt 对步长测量值$\langle \Lambda_m \rangle$的影响

4. 无量纲输沙率

图 4.7 展示了无量纲输沙率$\langle \Phi_m \rangle$随 Δt 的变化规律,与理论分析结果一致,Δt 对$\langle \Phi_m \rangle$不产生影响。

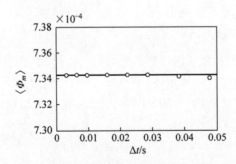

图 4.7　采样间隔 Δt 对无量纲输沙率$\langle \Phi_m \rangle$的影响

4.2　图像测量参数的选取范围

采样间隔除了对测量结果产生固有的影响外,其选取范围也受到图像处理技术的限制。而样本容量、采样历时和采样面积的选取也会对统计时空均值的收敛性产生影响。下文均以表 4.2 中的 P-C3 组次为例,在分析各图像参数对测量输沙结果影响的基础上,给出合理的取值范围。

4.2.1　采样间隔

在采样间隔 Δt 与 $\langle T \rangle$ 为同一量级时,采样间隔对推移质输沙参数的影响最大;当 Δt 远小于 $\langle T \rangle$ 时,采样间隔对输沙参数的影响变小,甚至可以忽略。因此,在可能的条件下,建议尽量减小 Δt。但是在图像测量过程中,采样间隔受到图像处理技术的限制,不可能无限减小。

图像处理技术的原理是通过对比相邻两帧的灰度变化,判定运动颗粒的数量。根据此原理,颗粒在两帧间的位移只有超过 1 个像素后,才能够被准确地判定为运动颗粒;若颗粒在两帧间的位移小于 1 个像素,则无法被识别为有效运动颗粒。因此,采样间隔的最小值应该满足颗粒在此采样间隔下在相邻两帧的位移超过 1 个像素这一条件:

$$\Delta t \geqslant \frac{1/\mathrm{Lr}}{\langle U_m \rangle} \tag{4.14}$$

式中,Lr 指图像分辨率。

图像处理技术通过灰度互相关匹配同一颗粒,由于一般情况下,测量区域的运动颗粒数大于 1,所以为了准确匹配同一颗粒,颗粒在两帧的位移不要过远,以免由于交叉匹配造成误差,Radice 等(2006)建议采样间隔的最大取值为颗粒的单步时长。根据 4.1 节的分析,采样间隔对推移质输沙参数的影响取决于采样间隔与颗粒单步步长的相对大小,二者越接近,影响越大。因此文献中将采样间隔取为颗粒的单步时长是不合适的,应该降低一个数量级。本书提出的采样间隔最大值为

$$\Delta t \leqslant \langle T \rangle / 10 \tag{4.15}$$

式(4.14)和式(4.15)需要颗粒图像分辨率、颗粒运动速度和运动步长的参数,而这些参数常常是试验测量的目标,因此试验前确定采样间隔的取值范围一般需要结合以往经验、参考类似的研究同时进行预实验。

4.2.2　样本容量和采样历时

采取时空双平均的方法获取推移质运动的统计平均结果、样本容量和采样历时会影响统计平均值,因此需要获取使结果收敛的独立样本容量 S_z 和采样历时 R_t,二者在连续采样模式下相互关联。

对原始图像序列进行抽样,组成不同样本容量和采样历时的组合。原始图像序列为 100 000 帧,相隔两帧的时间间隔为 1/315s,总采样历时为 315s。通过图像计算原始的 100 000 帧图片,得到 99 999 个原始数据序列(瞬时欧拉场)。在实际分析时,首先选定要研究的样本容量,采取从原始数据序列中等距抽取样本的方法。样本容量与采样历时组合的选取方法如表 4.4 所示。以 $S_z = 5000$ 为例,若隔 1 取 1 来抽样,对应的采样历时为 $R_t = 5000 \times 2/315 \approx 31.75\text{s}$;若隔 10 取 1,则对应的采样历时扩大到 153.73s,为原始流场采样历时的一半。采样历时反映了样本的相互独立性,一般认为抽样的间隔越大即采样历时越长,样本之间的关联性越弱。

表 4.4　样本数量与采样历时组合

序号	S_z	R_t/s
1	100	$100n_1/315, n_1 = 2,3,4,\cdots,1000$
2	1000	$1000n_1/315, n_1 = 2,3,4,\cdots,100$
3	5000	$5000n_1/315, n_1 = 2,3,4,\cdots,20$
4	10 000	$10\,000n_1/315, n_1 = 2,3,4,\cdots,10$

统计不同的 S_z 和 R_t 组合下推移质运动时空平均数量 $\langle N_m \rangle$ 和速度 $\langle U_m \rangle$,可以观察统计参数随样本容量和采样历时的定量变化特点。图 4.8 给出了 C3 组次试验的具体结果,其中红色实线和虚线分别代表真实值及 95% 的置信范围。

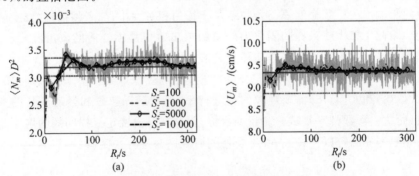

图 4.8　无量纲运动数量 $\langle N_m \rangle D^2$ 和 $\langle U_m \rangle$ 随样本容量及
采样历时的变化规律(前附彩图)

(a) $\langle N_m \rangle D^2$ 随样本容量及采样历时的变化规律;(b) $\langle U_m \rangle$ 随样本容量
及采样历时的变化规律

从图 4.8 可以看出如下基本特点。

(1) $\langle N_m \rangle D^2$ 和 $\langle U_m \rangle$ 随采样历时的收敛速度有明显差异。$\langle N_m \rangle D^2$ 收敛到 95% 置信水平需要的采样历时约为 80s,而 $\langle U_m \rangle$ 在最小采样历时下 (12.7s) 已经达到该置信水平,这是由于以图片对为样本容量时,每对图片仅有一个瞬时运动数量值,但存在多个瞬时运动速度值,因此平均运动速度 $\langle U_m \rangle$ 更易收敛。

(2) 从整个趋势上看,随着 S_z 和 R_t 的增大,$\langle N_m \rangle D^2$ 和 $\langle U_m \rangle$ 的离散程度降低。但当样本容量比较小时(以 $S_z = 100$ 为例),即使是增大采样历时,计算结果仍呈现出相对较大的离散度;当采样历时比较短时(以 $R_t <$ 10s 为例),即使增大样本容量也不能有效提高结果的可靠性,即样本之间的关联性较强。

(3) 当 $S_z = 1000$ 和 $R_t = 80$,即隔 25 取 1 时,样本之间独立性较强且结果基本收敛。就本书的试验条件而言,取 $S_z = 5000$ 和 $R_t = 100s$ 的组合,结果可以达到 98%～99% 的置信水平。

样本容量与采样历时的组合在本书中与水流泥沙条件有关,在水流与泥沙条件相似的情况下,可以采取本书中样本容量与采样历时的组合,来满足推移质测量参数的收敛性。

4.2.3　采样面积

在低强度输沙条件下,床面形态变化较小,直接观测床面高程变化存在较大的相对误差。本书采用另外一种简单方法来直观展示推移质运动空间的分布特点,该方法将一定时长内床面各局部区域发生运动的推移质颗粒数量进行对比。本书对 P-C3 试验组次的两个典型时长进行了对比分析,分别为 15.9s 和 127.4s(对应的样本容量分别 5000 和 40 000),采样间隔皆为 1/315s,结果如图 4.9 所示。从图中可以看出,床面局部区域运动颗粒数量较多,相邻部分区域颗粒运动较少,两种类型的区域沿展向(z 轴)间隔分布,形成类似条带状的分布特征,且随采样时间的增长,条带位置基本不变。需要指出的是,图中沿展向除条带状分布特征外,还出现了中间运动个数多、两侧少的现象,这可能主要由边壁效应所致,在 Radice 等(2010)的试验中同样出现由边壁效应引发的此现象。

分析 P-C3 组次下不同采样面积的推移质运动测量结果,测量结果的时空均值基于采样间隔 1/315s、采样历时 100s 和样本容量 5000。采用颗粒直径的平方对面积进行无量纲化,即 $DA = A/D^2$。首先,以图片中心点

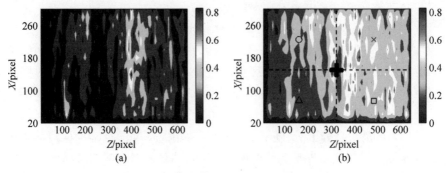

图 4.9　运动颗粒在空间上分布（前附彩图）

(a) $t=15.9$s；(b) $t=127.4$s

为固定中心点（如图 4.9(b)中心处黑色十字点），按正方形划定采样区间，研究 10 种尺寸情况，对应的面积为 DA＝16,36,64,100,400,484,576,676,784 和 900。在各种采样面积下，统计分析推移质运动比例和速度的均值。图 4.10 中黑色实线代表 10 种采样空间尺寸下$\langle N_m \rangle D^2$ 与$\langle U_m \rangle$的值。结果表明，在 DA＜100 时，$\langle N_m \rangle D^2$ 与$\langle U_m \rangle$随采样面积增大而增大，这是由于基准点恰好选在推移质运动数量少的位置，当扩大采样面积时，将最先取到运动数量多的部分，因此呈现一种陡增的趋势；随着采样面积的增大，边壁效应逐渐显现，导致$\langle N_m \rangle D^2$ 缓慢的减小。本书以最大面积下的统计值作为统计真实值，认为在不同采样面积下$\langle N_m \rangle D^2$ 达到统计真实值的95％置信水平时，其结果具有代表性。根据此种判定方法，当 DA≥400 时，结果收敛且能够代表统计真实值。

　　由于运动颗粒在空间分布的不均，从图 4.9 中可以看出：在相同的采样面积下，若选取的基准点不同，其统计结果也会有所差别。为将此种差别定量化，将最大采样面积均匀地分为 4 个部分，选取每个部分的中心点作为基准点（如图 4.9(b)中的黑色圆圈、方框、三角和叉点），以此统计不同基准点下正方形采样面积内的$\langle N_m \rangle D^2$ 与$\langle U_m \rangle$的值（采用与基准点相同的标志展示结果）。由图 4.10 可见，$\langle N_m \rangle D^2$ 在中心点和右上基准点的取值较大（图 4.10(a)），在左下方基准点（三角）的值较小，与图 4.9(b)的分布相符；而$\langle U_m \rangle$的取值随基准点位置变化没有明显的规律（图 4.10(b)），在DA≥400 时，$\langle U_m \rangle$随基准点的位置变化较小，在中心点处的运动速度最大。从运动颗粒在空间的分布可知，$\langle N_m \rangle D^2$ 受基准点位置的影响较大，为使结果具有代表性，应尽量选择水槽中心的位置为基准点。

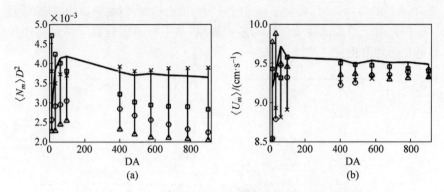

图 4.10　$\langle N_m\rangle D^2$ 及 $\langle U_m\rangle$ 随无量纲采样面积的变化规律

(a) $\langle N_m\rangle D^2$ 随无量纲采样面积的变化规律；(b) $\langle U_m\rangle$ 随无量纲采样面积的变化规律

Séchet 和 Le Guennec(1999)认为泥沙的运动与水流的猝发清扫和条带有关,为了得到水流相干结构影响下的泥沙运动,将沿水流方向的采样窗口尺寸(采样长度)设为 10 倍的清扫长度,展向的采样窗口尺寸(采样宽度)设为 2 倍的低速条带的宽度。根据 Antonia 和 Bisset(1990)的定义,利用内尺度 ν/u_* 无量纲化的清扫长度为 83,对应于表 4.3 中 3 组试验的最长清扫长度为 3.5mm,则对应 10 倍清扫长度的采样长度为 35mm;同样利用内尺度无量纲化的低速条带宽度为 50,对应于表 4.3 中最宽的条带宽度为 2.1mm,则对应两倍条带宽度的最小采样宽度为 4.2mm;基于表 4.3 试验组次设定的采样面积大于此设定。

除此之外,采样长度也会影响运动步长与时长的均值(对应中间尺度)。理论上,若运动步长与时长存在一阶矩(均值),当采样长度小于平均运动步长时,随着采样长度的增加,测量的平均运动步长与时长增加;而当采样长度大于平均运动步长时,测量的平均运动步长、时长与采样长度的关系会受到停时的影响;若运动步长与时长不存在一阶矩,则测量的平均运动步长与时长会随着采样长度的增大而增大。选取表 2.1 中的 C1-3 组次进行研究。采样宽度保持最大值,采样长度以上游为基准,取等差为 108pixel 的10 个采样长度,统计不同采样长度下运动步长与时长的平均值,将结果点绘在图 4.11 中,发现运动步长与时长随采样长度增加,当采样长度小于7cm 时,增速较快,当采样长度从 1.4cm 增大到 7cm 时,平均运动步长与时长增加了一倍;而当采样长度大于 7cm 后,增速较慢;当采样长度从 7cm增大到 15cm 时,平均运动步长与时长仅增加 1.15 倍。随着当前的变化趋势,当采样长度增加时,运动步长与时长的均值会增加,但是增加的幅度有限。

因此限于当前试验用相机的最大画幅,本书将最大画幅下的运动步长与时长的均值进行了统计分析。

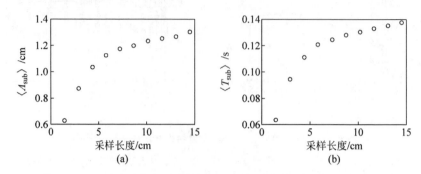

图 4.11　平均运动步长与平均运动时长的测量值随采样长度的变化
(a) 平均运动步长的测量值随采样长度的变化;(b) 平均运动时长的测量值随采样长度的变化

4.3　推移质运动参数的确定

由上文可知,输沙参数与图像处理参数有关,其中采样历时、样本容量与采样面积等仅影响统计的收敛程度,而采样间隔 Δt 对各测量值存在固定影响。在确定采样历时、样本容量与采样面积后,推移质运动参数时空均值则可以根据采样间隔确定。

根据式(4.2)、式(4.5)和式(4.8),利用采样间隔与测量值可以获取运动时长、运动速度与运动数量时均值的真实值;根据式(4.4)可知,运动步长的真实值等于测量值;根据式(2.10)可计算无量纲输沙率,其中包含的运动数量与运动速度的真实值已经确定。

上述的推移质运动参数与采样间隔的关系已经通过实测数据进行了验证,除此之外,起动颗粒数量$\langle N_e \rangle$也是重要的推移质运动参数,其代表在某一时段床面上由静止到运动的颗粒数量。式(4.7)可以从理论上根据运动颗粒数量$\langle N_m \rangle$计算起动颗粒数量;同时,根据图像处理技术,也能够直接数出起动颗粒数量(判别标准为此颗粒在上一帧未运动、从此帧开始运动)。

图 4.12 点绘了起动颗粒数量的推导值与实测值的关系,测量值用空心点表示,理论推导值用直线表示,图中的数据来自于表 4.3 中的 P-C1,P-C2与 P-C3 组次。从图 4.12 可见,在不同采样间隔下,起动颗粒数量的测量值

与推导值十分接近。

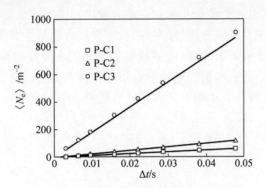

图 4.12　起动颗粒密度的理论值与测量值

综上，根据本章的分析，可将运动颗粒数量、起动颗粒数量、运动速度、运动时长的测量值转换为真实值，分别采用 N，N_e，U，T 来表示；运动步长与输沙率的测量值等于真实值，分别采用 Λ 和 Φ 表示。

4.4　本章小结

本章研究了图像测量参数对推移质运动参数的影响。图像测量参数包括采样间隔、采样历时、样本容量与采样面积，推移质运动参数包括运动颗粒数量、运动速度、运动步长、运动时长、输沙率与起动颗粒数量。

由于推移质运动存在间歇特性，采样间隔对运动参数（特别是运动颗粒数量、运动速度和运动时长）的影响较大，不可以忽略。为了量化采样间隔对推移质运动参数的影响，本章提出了一个简化的推移质"跳-停"运动模型，利用此模型分析得到，运动颗粒数量与运动时长随采样间隔线性增加，运动速度随采样间隔减小，而运动步长与输沙率与采样间隔无关。根据该结果，发现文献中的测量结果误差值不可以忽略。利用在封闭水槽中进行的试验来验证模型的准确性，试验数据表明：运动颗粒数量、运动速度和运动步长与采样间隔的关系与依据模型分析的结果基本一致。

基于相关的分析，给出了图像测量参数的选取准则与范围。采样间隔不仅对推移质运动参数产生固有影响，也受到图像测量技术的限制，最大采样间隔为运动步长的 0.1 倍，最小采样间隔满足颗粒在两帧间的位移大于 1pixel；在本书试验的水流泥沙条件下，样本容量与采样历时分别需要满足

5000 帧和 100s,当无量纲的采样面积至少为 400 时,时均运动颗粒数量与速度才能收敛,但运动步长与时长会随着采样长度的增加而增加。

　　根据最优采样间隔范围、样本容量、采样历时和采样面积进行试验获得的推移质运动参数的测量值,能够通过与测量值和采样间隔的定量关系计算得到运动参数的真实值。起动颗粒数量也可以通过理论推导和试验测量两种方式获取,两种方法得到的起动颗粒数量在不同采样间隔下一致。

第5章 均匀沙运动特征

推移质运动特征对于深入了解推移质运动机理、建立推移质输沙率模型具有重要意义。试验研究推移质运动机理经历了从群体运动特性(输沙率)到单颗粒运动特性(单颗粒运动轨迹等)的发展过程。输沙率是综合反映推移质运动特性的指标。经常使用的经验/半经验的推移质输沙公式,体现的是输沙率与水流强度之间的关系。由于对推移质运动特性的了解不够深入,目前的经验/半经验的推移质输沙公式在实际计算河床推移质输移量时存在一定的局限。单颗粒运动特性是深入了解推移质输沙机理的基础,也是本章的研究重点。

随着图像处理技术中硬件的发展(高速高清摄像机)和软件的进步(颗粒的追踪识别算法),前人(Frey et al.,2003;Radice et al.,2006;Hergault et al.,2010;Lajeunesse et al.,2010;Martin et al.,2012;Roseberry et al.,2012;Tregnaghi et al.,2012;孙东坡 等,2015)对均匀沙单颗粒的运动特征进行了大量的试验研究。目前的研究成果集中在运动颗粒数量、运动速度、运动步长与时长等参数的统计特征方向,对于这些参数的获取主要通过室内水槽试验。目前的水槽试验存在几个问题:①部分水槽的尺寸较为特殊,如文献(Ancey et al.,2002;Böhm et al.,2006;Roseberry et al.,2012)中利用极窄水槽(8mm 宽)进行了系列实验;②部分统计参数(Lajeunesse et al.,2010;Shim et al.,2017)的样本数量少,结果的收敛性存疑,更不足以进行概率密度分析。

根据第 2 章~第 4 章提出的水沙耦合同步测量系统及推移质运动测量技术与颗粒识别方法,本章进行了系统性的均匀沙输沙试验(试验组次见表 2.1,试验相机参数见 2.2.3 节),获取了足够的推移质运动参数的样本量(包括瞬时值和时空统计的平均值),并进行了分析。

5.1　运动颗粒数量

5.1.1　运动颗粒数量的时均特征

推移质颗粒的运动过程可以概化为起动-运动-停止的过程(Ancey et al.,2008；Heyman,2014)。在一定的时空观察框架下,运动颗粒数量是研究推移质运动的基础参数。

运动颗粒数量指在某一特定时刻处于运动状态的颗粒的总数(一定的观察区域内)。在图像测量技术中,实际获取的运动颗粒数量是在一定的时间间隔 Δt 内发生位移的颗粒的总数,其中包括时段内从静止状态转为运动状态的颗粒的数量。运动颗粒数量与起动颗粒数量的时均值是对时间序列进行统计平均,根据式(2.1)计算得到。图像测量获取的运动颗粒数量时均值 $\langle N_m \rangle$ 是真实运动颗粒数量 $\langle N \rangle$ 与起动颗粒数量 $\langle N_e \rangle$ 的和,三者之间的关系可以根据式(4.7)和式(4.8)进行相互转换。

在图 5.1 中分别给出了 $\langle N \rangle$、$\langle N_e \rangle$ 与平均水流强度的关系,粒径采用不同颜色的标记,其中黑色实心圆点、蓝色实心方点和红色实心三角分别代表颗粒平均粒径为 2.25mm,2.75mm 和 3.75mm(下文同),不同颜色的实线代表对应的拟合曲线。从拟合曲线可知,$\langle N \rangle$、$\langle N_e \rangle$ 与平均水流强度关系均为线性正相关,且趋势基本相似。

由式(4.7)可知,$\langle N_e \rangle$ 与 $\langle N \rangle$ 的关系取决于 $\Delta t/\langle T \rangle$。在本书试验条件下,$\langle T \rangle$ 比 Δt 高出 1~2 个量级,即 $\Delta t/\langle T \rangle$ 的绝对值在本书试验条件下变化不大,因此在本书多组水流条件下,$\langle N_e \rangle$ 与 $\langle N \rangle$ 可被视为线性正相关关系。

图 5.1 中的拟合直线在不同粒径下的斜率不一致,随着粒径的增大,斜率在减小。即同一水流强度下,粒径更小的颗粒运动、起动的数量更多,与基本的物理现象一致。

为了无量纲化运动颗粒数量与水流强度的关系,首先要获取临界起动切应力。

常见的临界起动切应力 Θ_c 的获取方法有两种:一是基于希尔兹曲线及其修正曲线,根据图解法得到临界起动切应力;二是基于实测数据,拟合输沙率与水流强度的关系,获得输沙率为某一临界值的水流强度为临界起动切应力。

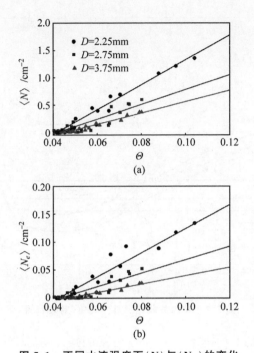

图 5.1　不同水流强度下 $\langle N \rangle$ 与 $\langle N_e \rangle$ 的变化

(a) $\langle N \rangle$ 随水流强度的变化；(b) $\langle N_e \rangle$ 随水流强度的变化

Shields(1936)根据滑动起动受力平衡方程和对数流速分布公式,得到水流强度与颗粒雷诺数的隐式函数关系,并利用试验数据点绘出关系曲线-希尔兹曲线(图 5.2)。其后,研究者(孟震,2015)对希尔兹曲线中的受力平衡关系模型(如滑动、滚动和跃移)、流速分布公式(对数型和指数型)和颗粒在床面的位置如暴露度等方面进行了修正。本书的试验条件为均匀粒径下的输沙试验,因此可以选取希尔兹原始曲线图解得到 Θ_c。图 5.2 中的蓝色直线为 3 种粒径条件下的辅助线,红色直线代表了根据希尔兹关系曲线得到的临界起动切应力范围 0.04～0.06,随着粒径的增大,Θ_c 增大。

第二种获取 Θ_c 的方式为取泥沙运动强度为某一阈值对应的水流强度,如美国水道实验站取输沙率为 $14\mathrm{cm}^3/(\mathrm{m \cdot min})$ 作为标准,韩其为(2004)取无量纲推移质输沙率为 0.000 217 作为起动标准,等等。本书取输沙率为零作为起动标准,输沙率为零对应的运动颗粒数量与起动颗粒数量均为零,即图 5.1 中的拟合直线与横坐标的交点,图 5.3 中红色和黑色实心点分别代表根据图 5.1(a)和(b)得到的 Θ_c,二者十分接近。将二者进行

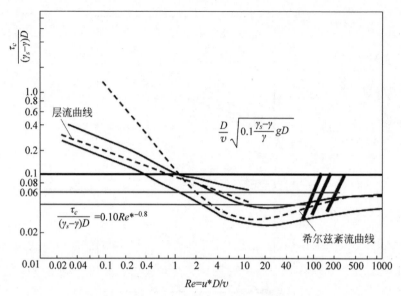

图 5.2　希尔兹曲线及其修正值(前附彩图)

平均,得到对应的 3 种粒径的 Θ_c 分别为 0.0417,0.0421 和 0.0451,与利用希尔兹曲线获取的范围一致。

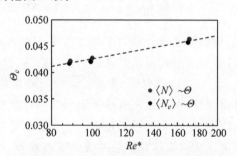

图 5.3　临界起动切应力随颗粒雷诺数的变化(前附彩图)

　　对图 5.1 的横纵坐标分别进行处理,横坐标取相对水流强度($\Theta - \Theta_c$),纵坐标使用粒径进行无量纲化,结果如图 5.4 所示。消除了粒径的影响,无量纲的运动与起动颗粒数量随相对水流强度线性增加:

$$\begin{cases} \langle N \rangle D^2 = 1.16(\Theta - \Theta_c) \\ \langle N_e \rangle D^2 = 0.1(\Theta - \Theta_c) \end{cases} \tag{5.1}$$

Lajeunesse 等(2010)利用实测数据得到 $\langle N \rangle D^2$ 是($\Theta - \Theta_c$)的 4.6 倍,与本

书相比规律一致,但系数存在差异。差异的来源可能有两方面：一是本书中的$\langle N \rangle D^2$是根据式(4.8)计算的真实值,比测量值$\langle N_m \rangle D^2$小,而 Lajeunesse 等(2010)并未对此进行处理,将测量值默认为真实值;二是本书与 Lajeunesse 等(2010)相比,水槽更宽,本书的测量范围包括整个槽宽,边壁效应也会使$\langle N \rangle D^2$的绝对值存在一定差异。

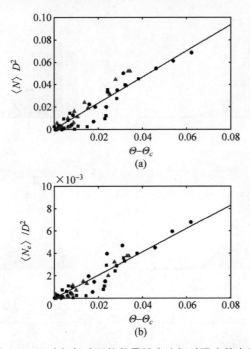

图 5.4　运动与起动颗粒数量随水流相对强度的变化

(a)$\langle N \rangle D^2$随水流相对强度的变化；(b)$\langle N_e \rangle D^2$随水流相对强度的变化

5.1.2　运动颗粒数量的概率密度

本书进行了 45 组水流条件下的测量,每组水流条件下采集 12 000 对图像,获得了一组长度为 12 000 个的运动颗粒数量 N_m 的序列,可统计每组 N_m 序列的概率密度分布。限于篇幅,图 5.5 仅展示了其中 6 组水流条件下的运动颗粒数量的概率密度分布,每个粒径展示两组不同水流条件下的概率密度分布,图中灰色长条代表 N_m 的概率密度值,黑色实线代表拟合的负二项分布(下文同)。由图 5.5 可知,运动颗粒数量的概率密度均符合负二项分布,与 Ancey(2010)的试验结果一致。

由图 5.5 可以发现,在不同组次下的概率密度形状不同。从图 5.5(a)
到(f)的水流强度逐渐增大。在较低水流强度下,颗粒运动数量的概率密度
呈指数型下降趋势,而随着水流强度的增加,概率密度分布就趋于钟型,最
初是偏态分布,随着水流强度的进一步增强,逐渐向对称型的正态分布逼
近,如图 5.5(e)和(f)所示。

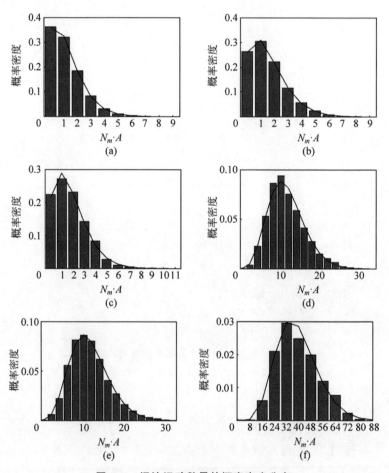

图 5.5　泥沙运动数量的概率密度分布

(a) C1-1; (b) C1-3; (c) C2-6; (d) C2-10; (e) C3-2; (f) C3-12

变异系数能够更加直观地反映离散程度的大小,变异系数为标准差与
均值的比值:

$$Cv = \text{std}(N_m)/\langle N_m \rangle \tag{5.2}$$

　　图 5.6 展示了 45 组次水流条件下运动颗粒数量 N_m 的变异系数随水流强度的变化规律。可以发现,随着水流强度的增强,变异系数呈现下降趋势,即运动颗粒数量 N_m 的波动性随着水流强度的增强而减小。此结果与观测到的物理现象一致,在水流强度较小的条件下,推移质运动表现为明显的间歇现象,运动颗粒数量的波动性更强;而随着水流强度的增强,推移质运动更加连续,运动颗粒数量的波动性减弱。

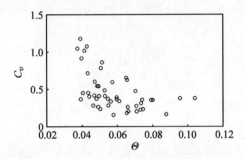

图 5.6　变异系数随水流强度的变化规律

5.1.3　起动概率与运动概率

　　为了描述推移质运动的随机性,概率论被引入推移质输沙理论中,Einstein(1950)提出了起动概率的概念,其用于描述一颗静止于床面的颗粒在水流作用下开始运动的概率。获取起动概率有两种方法:一种是计算起动数量与观察区域内全部颗粒的比值:

$$P = N_e / N_t \qquad (5.3)$$

式中,N_e 是某一瞬时起动颗粒数量,N_t 则为观测床面上全部颗粒的数量。另一种方法基于对颗粒的受力分析。Einstein(1950)认为,当上举力大于水下重力时颗粒起动,并假设上举力符合正态分布,则起动概率:

$$P = 1 - \frac{1}{\sqrt{\pi}} \int_{\frac{B_*}{\Theta} - \frac{1}{\eta_0}}^{\frac{B_*}{\Theta} - \frac{1}{\eta_0}} e^{-t^2} \, dt \qquad (5.4)$$

式中,B_* 与 η_0 为常数,分别取 1/7 和 1/2。

　　对于第一种方法,一般的试验观测难以获取某一瞬时的起动颗粒数量。采用图像处理技术测量时,需要使用两帧图片,有一定的时间间隔,因此并非代表某一瞬时时刻。正如前文中分析,随着采样间隔的减小,起动颗粒数量的测量值也随之减小。为了消除采样间隔的影响,有研究者(Papanicolaou et al.,2002;Liu et al.,2010)从泥沙起动的机理出发,将一次紊动猝发周期内起动的颗粒数量与总数的比值定义为起动概率。

根据得到的在一定采样间隔下的起动颗粒数量$\langle N_e(\Delta t)\rangle$，可以计算一个紊动猝发周期$T_b$内的起动颗粒数量：

$$\langle N_e(T_b)\rangle = \frac{T_b}{\Delta t}\langle N_e(\Delta t)\rangle \tag{5.5}$$

紊动猝发周期取$T_b = \dfrac{400v}{u_*^2}$（Adrian et al.，2012；Jimenez，2013），起动概率表示为

$$P = \frac{\langle N_e(T_b)\rangle A}{A/D^2} = \langle N_e(T_b)\rangle D^2 \tag{5.6}$$

对于第二种方法，有研究者（Engelund et al.，1976；Fredsøe et al.，1992；Shvidchenko et al.，2000；Cheng et al.，2003；Ma et al.，2013；周双等，2015）在 Einstein 的基础上进行了多方面的修正，包括对力矩分析的修正、受力概率密度分布的修正及增加暴露度等方面的影响。孟震（2015）将经典结果进行整理，起动概率的表达形式与式（5.4）类似，其中的常数项通过实测数据率定，结果如图 5.7 所示。图中的数据点是 Engelund 和 Fredsøe（1976）利用文献中的实测数据根据公式反推得到

$$\langle gb\rangle = \frac{\pi}{6}D^3\frac{P}{D^2}\langle U_m\rangle \tag{5.7}$$

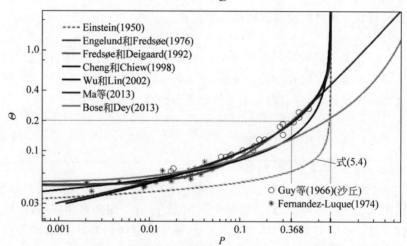

图 5.7　起动概率与水流强度（孟震，2015）（前附彩图）

Engelund 和 Fredsøe(1976)将式中的起动概率定义为床面上运动颗粒数量的比例,在定义上与 Einstein 的起动概率并不一致。从式(5.7)的结构来看,与本书中定义的式(2.9)十分相似,实际上 Engelund 定义的起动概率 P 相当于本书中无量纲的运动颗粒数量$\langle N_m \rangle D^2$。因此直接利用式(5.7)反算的起动概率的实测值进行常数率定,得到起动概率的表达式,在理论上就与 Einstein 定义的起动概率存在差异。

将方法 1 计算得到的起动概率式(5.6)和根据 Engelund 定义的起动概率的对应值$\langle N_m \rangle D^2$点绘在起动概率与水流强度的关系曲线中,如图 5.8 所示,红色空心圆为$\langle N_m \rangle D^2$,黑色空心圆代表$\langle N_e(T_b) \rangle D^2$,二者的结果相近,均符合图中除 Einstein 定义外的其他定义。

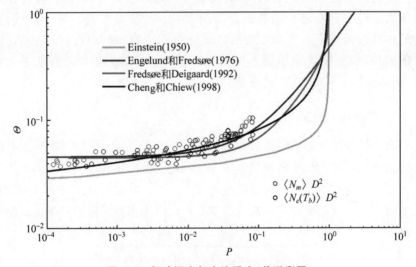

图 5.8　起动概率与水流强度(前附彩图)

需要指出的是,第二种方法利用式(5.7)反算得到的起动概率,从物理含义上来说更接近运动概率,即运动颗粒数量与观测床面颗粒总数的比值。第一种方法得到的是在一次紊动猝发周期内起动颗粒数量与观测床面颗粒总数的比值,在定义上与 Einstein 起动概率的定义不同,但在数值上与第二种方法得到的运动概率绝对值相近。综上,Einstein 定义的起动概率目前难以从试验上进行直接测量,而本书利用试验获取起动概率的方法,已经改变了 Einstein 定义,利用两种方法得到的起动概率从物理意义上更接近运动概率,即某一瞬时运动颗粒数量与观测区域颗粒总数的比值。

5.2 运动颗粒速度

5.2.1 运动速度的时均特征

本书将颗粒的运动速度按照坐标分为沿流向的运动速度 U 和沿展向的运动速度 W，其时空均值 $\langle U \rangle$ 和 $\langle W \rangle$ 利用式(2.5)计算得到。沿水流方向的颗粒运动速度为正,逆水流方向的速度为负。在较低水流条件下,存在少量的运动速度为负值的颗粒,许琳娟(2016)将其定义为颗粒逆流(此种现象在颗粒状态转移时发生,如当颗粒由静止到运动,或由运动到静止时)。本书发现的颗粒运动速度的负值同样出现在颗粒状态转移的时刻,且仅在较低水流条件下存在较少的负向运动的颗粒;在较强水流条件下,负向运动的颗粒数量几乎为零。在本书的统计过程中,运动速度的负值不在统计范围内,所有统计的运动速度均为正值,同样的处理方式也见于文献(Lajeunesse et al.,2010;许琳娟,2016)中。

1. 流向运动速度

为了与文献中的流向运动颗粒速度的时空均值进行对比,将结果点绘在图5.9中,其中横坐标的水流参数选取了摩阻流速,并利用沉降速度 $V_s = \sqrt{RgD}$ 进行无量纲化,即横坐标轴 u_*/V_s 为水流强度 Θ 的平方根;纵坐标为无量纲的时均运动速度。实心点代表本书在不同粒径下的试验结

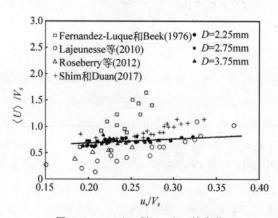

图5.9 $\langle U \rangle/V_s$ 随 u_*/V_s 的变化

果,对数据拟合可知,颗粒的流向运动速度与摩阻流速呈线性正相关:

$$\langle U \rangle / V_s = 0.76 u_* / V_s + 0.54 \tag{5.8}$$

同时在图 5.9 中点绘出文献(Fernandez-Luque et al.,1976；Lajeunesse et al.,2010；Roseberry et al.,2012；Shim et al.,2017)中对颗粒运动速度的实测数据,本书得到的 $\langle U \rangle$ 与文献中的实测运动速度的范围一致,但其均值受水流强度的影响更小。本书试验下流向运动速度随水流强度的变化更小,整体较为平稳。

为了获取颗粒运动速度与水流强度的一般规律,本书总结并参考了文献中常用的运动速度与水流强度的形式。

第一种为 Hu 和 Hui(1996)总结的一般形式:

$$\langle U \rangle = \kappa u_* \left(1 - \beta \sqrt{\frac{\Theta_c}{\Theta}} \right) \tag{5.9}$$

式中,κ 和 β 均为常数,不同的研究者给出了不同的取值。例如,Engelund 和 Fredsøe(1976)取 $\kappa = 9.3$,$\beta = 0.7$；Niño 和 García(1994)取 $\kappa = 6.8 \sim 8.5$,$\beta = 1$。

第二种是 Lajeunesse 等(2010)通过试验率定给出的形式:

$$\frac{\langle U \rangle}{u_*} = \kappa \left(1 - \sqrt{\frac{\Theta_c}{\Theta}} \right) + \frac{\sigma}{\sqrt{\Theta}} \tag{5.10}$$

式中,σ 为常数,取 0.11,κ 取 4.4。

第三种是孟震(2015)根据受力平衡方程推导的一般形式:

$$\langle U \rangle = \kappa u_* \left(1 - \sqrt{\Theta_c / \Theta} \right) \tag{5.11}$$

其中 κ 取 $6 \sim 10$。

本书根据实测结果率定的运动颗粒数量与水流强度的关系为

$$\frac{\langle U \rangle}{u_*} = 0.71 \left(1 - \sqrt{\frac{\Theta_c}{\Theta}} \right) + \frac{0.7}{\sqrt{\Theta}} \tag{5.12}$$

与 Lajeunesse 等(2010)根据试验率定的形式一致,但是常数项存在差异,差异的来源在 5.1.1 节中已经说明。

式(5.10)与式(5.12)在临界水流条件下的颗粒运动速度不为零,这与实际的观测现象是一致的。当水流处在临界起动条件时,有小部分颗粒会局部的运动,但是基本不产生可测量的输沙率。Lajeunesse 等(2010)将 $\sigma / \sqrt{\Theta}$ 定义为颗粒的临界速度,认为正是由于这个速度的存在,使得式(5.9)中的 β 取值存在差异。

2. 展向运动速度

同样地,将沿展向的平均运动速度$\langle W \rangle$点绘在图 5.10 中。可见$\langle W \rangle / V_s$大部分在±0.01 以内,少量组次超过±0.01 范围,最大相对速度为 0.027。这说明颗粒在展向上的运动幅度较小,与文献(Fernandez-Luque et al.,1976;Lajeunesse et al.,2010;Roseberry et al.,2012;Shim et al.,2017)和实际观测结果一致。

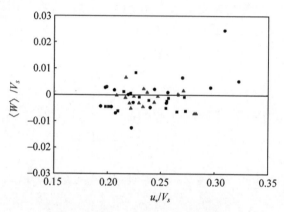

图 5.10 　$\langle W \rangle / V_s$ 随 u_*/V_s 的变化

5.2.2　运动速度的概率密度

1. 流向运动速度的概率密度分布

对于运动速度的统计值主要包括 3 种。

第一种是单个颗粒在相邻两帧间的瞬时速度 u 和 w,对于本书的 45 组试验组次,共有 12 000 对图像的结果,每对图像包含了 $N_m(A,t)$个颗粒的位移,因此统计瞬时速度的样本容量为

$$S_z = \sum_{t=1}^{12\,000} N_m(A,t) \tag{5.13}$$

则每组次的样本容量存在差异,水流强度大的组次,运动颗粒数量更多,统计瞬时速度的样本容量更大。

第二种是每帧图像上所有运动颗粒的速度的平均值 U 和 W,根据式(2.4)可以计算得到,因此在本书的 45 组试验中,每组 U 和 W 的样本量均为 12 000。

　　第三种是将每个颗粒链的速度均值标记为 U_1 和 W_1，样本容量为颗粒链的总量 nc，同样随着水流强度增大，本书水流条件下的样本容量在 2000~40 000。3 种样本的统计过程均省略负值的颗粒运动速度。

　　在理论上，第二种和第三种样本是对第一种样本的部分平均，因此其方差较第一种样本更小，三者的均值基本接近。

　　图 5.11 展示了第一种样本的概率密度。限于篇幅，选取了 45 组水流条件中的 6 组结果，每种粒径下包含两种水流条件下的结果。结果显示，沿流向运动速度 u 的概率密度分布均符合伽马分布，这个结果与部分文献（Lajeunesse et al.，2010；Roseberry et al.，2012；Shim et al.，2017）中的指数

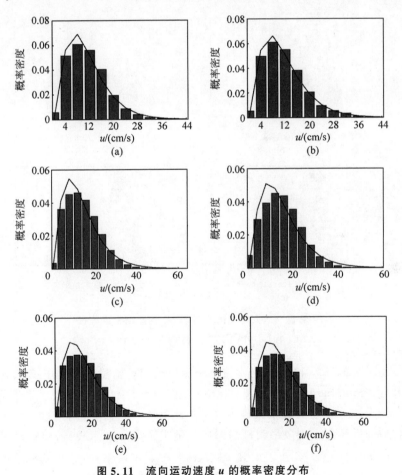

图 5.11　流向运动速度 u 的概率密度分布

（a）C1-1；（b）C1-3；（c）C2-6；（d）C2-10；（e）C3-2；（f）C3-12

分布结果略有不同,与部分文献(许琳娟,2016)的试验结果一致。实际上,指数分布是伽马分布的一个特例。从形状上来看,指数分布为单向衰减过程,即颗粒运动速度在零值附近占比较大,随着运动速度的增大,对应的颗粒数量减少;伽马分布似钟形,极小和极大运动速度的颗粒数量都较少,运动颗粒的速度集中在某一区间内。在图 5.11 中从(a)到(f)水流强度逐渐增大,其伽马分布的峰值也逐渐向右偏移。

　　图 5.12 给出了 C1-1 和 C1-3 两组中第二种和第三种样本的运动速度的概率密度分布,两种样本的运动速度的分布也均符合伽马分布。与理论分析结果一致,第二种和第三种样本较第一种样本的方差值更小。

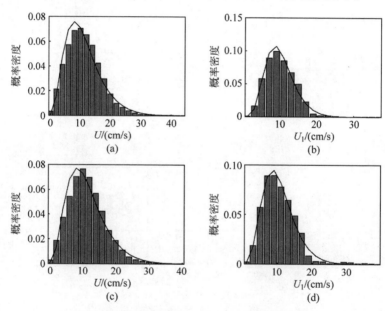

图 5.12　流向运动速度 U 与 U_1 的概率密度分布

(a) C1-1 U;(b) C1-1 U_1;(c) C1-3 U;(d) C1-3 U_1

　　在本书的试验中,颗粒沿水流方向的运动相对比较均匀,未出现大量的颗粒处于缓慢运动状态的情况。图 5.13 给出了 C1-1 试验组次下部分颗粒的运动轨迹。在本书试验条件下,C1-1 组次是水流强度最弱的组次,也是推移质间歇性运动现象最明显的组次。随机选取 8 个颗粒链,将运动过程中 x-z 的坐标点绘在图 5.13 中,为了在图中显示清晰,将 8 个颗粒链的 x 方向的起始点统一为零点,z 方向的起始点间隔分布。轨迹中相邻两点的时间间隔一致,因此两点间距大说明运动速度快,间距小说明运动速度慢。

从图 5.13 可以发现,对于所有的运动轨迹,较小的颗粒速度多存在于轨迹的拐点位置,并不占多数,轨迹整体的运动速度比较均匀。因此,本书试验条件下给出的颗粒沿流向运动速度的概率密度的伽马分布,是符合本书试验现象的。

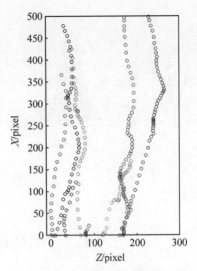

2. 展向运动速度的概率密度分布

沿展向运动速度的概率分布符合正态分布,图 5.14 给出了与图 5.11 相同的试验组次下的结果。在不同的试验水流条件下,展向运动速度概率密度的峰值均在零点附近,即颗粒的运动随主流方向运动,在展向的位移

图 5.13　C1-1 组次运动颗粒轨迹

相对较小。展向运动速度的方差随水流强度的增强而呈现增大的趋势。展向运动速度概率密度的正态分布特征与文献(Lajeunesse et al.,2010; Roseberry et al.,2012; Heyman,2014; Shim et al.,2017)中的结果一致。

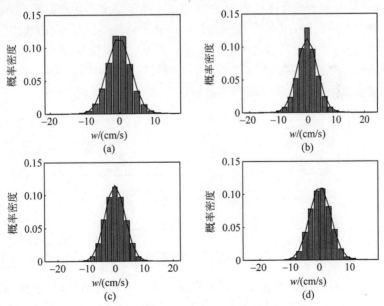

图 5.14　展向运动速度 w 的概率密度分布
(a) C1-1;(b) C1-3;(c) C2-6;(d) C2-10;(e) C3-2;(f) C3-12

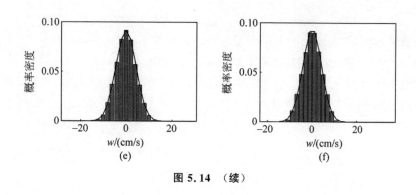

图 5.14 （续）

5.3　运动颗粒步长与时长

5.3.1　运动颗粒步长与时长的时均特征

1. 运动步长与时长随水流强度变化

Nikora 等(2002)将间歇性的推移质运动过程划分为 3 个尺度：局部尺度、中间尺度和全局尺度。如图 5.15 所示，局部尺度是指推移质两次与床面接触的时间间隔；中间尺度是指推移质从起动到落淤(两次静止之间)的时间间隔，泥沙在从起动到落淤的过程中不断与床面接触，即中间尺度包括多个局部尺度；全局尺度包括了多个中间尺度。在本书试验中，测量的运动颗粒步长是指颗粒从起动到落淤的总长，对应中间尺度。

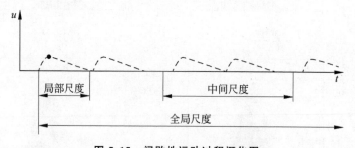

图 5.15　间歇性运动过程概化图

运动颗粒链总量为 nc，nc 随水流强度的变化有所不同，随水流强度的增强而增大，取值范围在 2000～40 000 颗粒链。对同一组次下所有颗粒链的步长与时长取平均，即运动步长与时长的时空值，如式(2.8)所示。

图 5.16 展示了 3 组粒径条件下平均运动步长与时长随水流强度的变化,如 4.2.3 节所述,下文分析的平均运动步长与时长均为当前最大采样窗口下的统计值,仅代表当前窗口的结果。从图 5.16 中可以发现,平均运动步长与时长随水流强度变化不明显;但在相同的水流条件下,随着粒径的增长,平均运动步长与时长均存在增长趋势,这种增长趋势可能与惯性有关。颗粒的粒径越大,惯性越强,在颗粒起动后保持其运动状态的时间就越长。平均步长与时长随粒径的变化规律在图 5.17 中更加明显,即〈Λ〉与〈T〉随颗粒雷诺数的增加呈增长趋势。

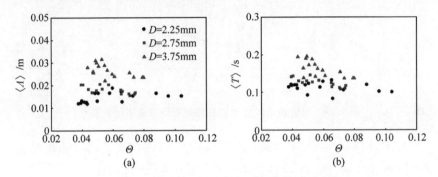

图 5.16　平均运动步长与时长随水流强度的变化
(a) 平均运动步长随水流强度的变化;(b) 平均运动时长随水流强度的变化

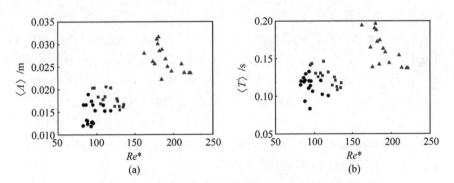

图 5.17　平均运动步长与时长随颗粒雷诺数的变化
(a) 平均运动步长随颗粒雷诺数的变化;(b) 平均运动时长随颗粒雷诺数的变化

2. 无量纲运动步长与时长随水流强度变化

为将运动步长与时长的结果与 Shim 和 Duan(2017)的结果进行对比,将图 5.16 中的横纵坐标进行相应处理,横坐标取水流强度的开平方 u_*/V_s,

分别对纵坐标运动颗粒步长与时长进行无量纲化。将本书试验结果与前人结果点绘在同一张图中,如图 5.18 所示,运动步长利用颗粒直径进行无量纲化。

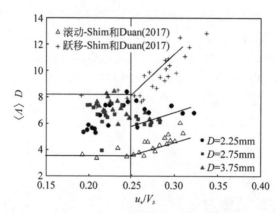

图 5.18　无量纲平均运动步长随无量纲摩阻流速的变化

与 Shim 和 Duan(2017)的试验结果相比,本书的无量纲运动步长在其给出的滚动与跃移步长之间(本书中对二者并未进行区分)。从试验观测和最终结果来看,本书试验条件下的跃移颗粒数量比滚动颗粒数量多。

Shim 和 Duan(2017)根据试验结果将运动步长随水流强度的变化总结为两种规律,认为当 $u_*/V_s<0.25$ 时,无量纲运动步长为常数;而当 $u_*/V_s\geqslant 0.25$ 时,无量纲运动步长随 u_*/V_s 线性增加。此规律在本书的试验结果中也较为明显,在 $u_*/V_s<0.25$ 时,无量纲运动步长与 u_*/V_s 的关系不明确,在未区分滚动与跃移时,平均的无量纲运动步长在 5~8;当 $u_*/V_s\geqslant 0.25$ 时,无量纲运动步长也随 u_*/V_s 呈增长趋势,增长规律为

$$\langle \Lambda \rangle/D = 8.99u_*/V_s + 3.98 \tag{5.14}$$

其斜率较 Shim 和 Duan(2017)根据试验给出的跃移部分的斜率(60.97)小,较滚动部分的斜率(5.38)大。

运动颗粒步长在较小水流强度下保持常数的现象在 Lajeunesse 等(2010)的试验中也存在,如图 5.19 所示,纵坐标为无量纲运动步长,在低强度水流条件下,步长随水流强度的增长十分缓慢。从现象上可以理解为:在低强度水流条件下,颗粒起动与运动的随机性更强,对水流强度的变化不敏感。

运动时长利用 $\sqrt{D/(Rg)}$ 进行无量纲化,本书与 Shim 和 Duan(2017)

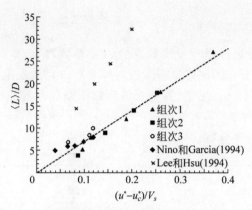

图 5.19　无量纲运动步长随无量纲相对摩阻流速的变化

的结果如图 5.20 所示。从整体趋势上看,无量纲运动时长随水流强度不变,保持为常数,在本书多组试验条件下,无量纲运动时长的平均值为 10(最大值约为 13)。Shim 和 Duan(2017)与 Lajeunesse 等(2010)得到的平均值为 10.6,本书结果与文献中的试验结果非常接近。

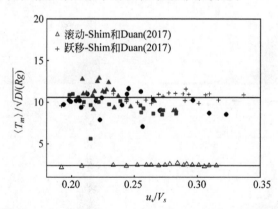

图 5.20　无量纲平均运动时长随无量纲摩阻流速的变化

5.3.2　运动颗粒步长与时长的概率密度分布

1. 运动步长的概率密度分布

图 5.21 展示了 3 种粒径在各两组水流条件下的运动步长的概率密度分布,满足广义极值分布,其概率密度函数为

$$f(\lambda_m) = \frac{1}{\delta} \exp\left[-(1-\kappa)\frac{\lambda_m - \mu}{\delta} - \exp\left(-\frac{\lambda_m - \mu}{\delta}\right) \right] \quad (5.15)$$

式中，κ 是形状参数，δ 为尺度参数，μ 为位置参数。当 $\kappa > 0$ 时，对应弗雷歇（Frechet）族，其分布的尾部像幂函数一样衰减，称为"长尾分布"；当 $\kappa = 0$ 时，对应耿贝尔（Gumbel）族，其分布的尾部像指数分布一样衰减，称为"窄尾分布"；当 $\kappa < 0$ 时，对应韦布尔（Weibull）族。本书试验条件下的形状参数均大于 0，为长尾分布。

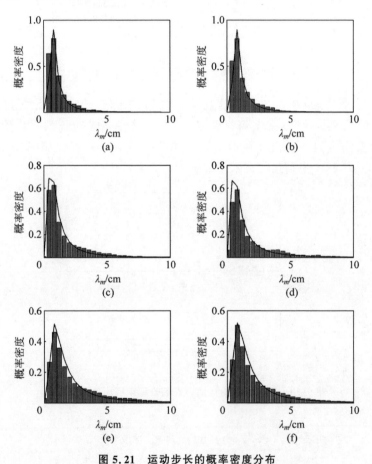

图 5.21   运动步长的概率密度分布

(a) C1-1；(b) C1-3；(c) C2-6；(d) C2-10；(e) C3-2；(f) C3-12

    所谓长尾分布就是指分布在尾部的衰减比指数分布的衰减慢，且本书试验条件的形状参数 κ 均小于 2，这意味着采样窗口越大，测量的平均单步步长就越大(范念念,2014),这与 4.2.3 节中的规律一致。前人的研究中仅有少部分研究者(Bradley et al.,2010;范念念,2014)认为单步步长为长尾分布,大量的研究者(Einstein et al.,1936;Sayre et al.,1965;Schmidt et al.,1992;Wu et al.,2004)认为是窄尾分布。目前对于单步步长概率密度分布的试验研究较少,Lajeunesse 等(2010)给出了单步步长的概率密度分布,但是由于数据点较少,不足以拟合分布形式。本书给出了均匀沙的单步步长的概率密度分布的试验结果,验证了文献中长尾分布的假设。

2. 运动时长的概率密度分布

颗粒运动时长的概率密度分布展示在图 5.22 中,选用组次与运动步长的组次一致,从图中可知,运动时长的概率密度符合幂律分布,即

$$f(t_m) = a t_m^b \tag{5.16}$$

同运动步长一致,运动时长的概率密度分布也为长尾分布,与范念念(2014)的假设一致,并与 4.2.3 节的分析结果一致。

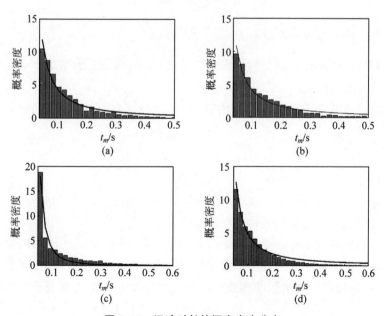

图 5.22　运动时长的概率密度分布

(a) C1-1;(b) C1-3;(c) C2-6;(d) C2-10;(e) C3-2;(f) C3-12

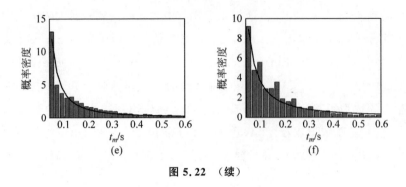

图 5.22   （续）

同样地，运动时长的均值会随采样窗口发生变化，在 5.3.1 节中，运动时长的均值是当前采样窗口的均值。由于运动时长均值受到采样窗口的限制且运动时长均值不随水流强度发生变化，真实的运动时长的测量无法根据欧拉法（固定观测窗口）获取，可通过拉格朗日追踪法试验获取。

5.4   推移质输沙率

5.4.1   输沙率的时均特征

时均输沙率计算的数据来源于相互独立的两方面：槽尾接沙系统和顶面相机测量，详见 2.1.2 节的有关介绍。

对通过电子天平获取的时均输沙率 $\langle gb_e \rangle$（kg/h）进行无量纲化，得到无量纲时均输沙率

$$\langle \Phi_e \rangle = \langle gb_e \rangle / (\gamma_s \cdot \sqrt{RgD^3}) \tag{5.17}$$

式中，γ_s 为天然沙的容重。

通过图像处理技术获取颗粒的运动数量和速度之后，即可根据式（2.9）和式（2.10）求得无量纲时均输沙率 $\langle \Phi \rangle$。

将两种数据来源的无量纲输沙率结果点绘在如图 5.23 所示的输沙率与水流强度的关系图中。图中通过槽尾电子天平测量的输沙率用黑色实心点表示，通过图像测量运动参数计算的输沙率用红色实心点表示。从图中可知，$\langle \Phi_e \rangle$ 与 $\langle \Phi \rangle$ 的结果差距较小，整体上也比常用的推移质输沙公式（Einstein，1950；Böhm et al.，2006；Armanini et al.，2015；孟震，2015；Shim et al.，2017）计算的数值要小，与均匀沙的水槽试验结果（Recking et al. ,2008；Shim et al. ,2017)相似。

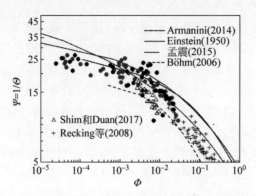

图 5.23　无量纲输沙率随水流强度的变化(前附彩图)

由式(2.9)可知,计算推移质输沙率的两个参数为运动颗粒数量与运动颗粒速度。根据上文中通过试验拟合得到的运动颗粒数量和速度与水流强度的关系,可推导推移质输沙率与水流强度的关系。将式(5.1)和式(5.12)代入式(2.10)中,可得推移质输沙率为

$$\langle \Phi \rangle = 0.43(\Theta - \Theta_c)(\sqrt{\Theta} - \sqrt{\Theta_c} + 0.98) \tag{5.18}$$

图 5.24 展示了实测数据与式(5.18)的对比关系,可见式(5.18)能够反映本书的结果。从式(5.1)、式(5.12)和式(5.18)中可以发现,平均水流强度的增强对泥沙运动数量的影响更大,而对泥沙运动速度的影响则相对较小,即相比于泥沙运动速度,泥沙运动数量对输沙率的贡献更大,这与Roseberry 等(2012)的试验结果一致。

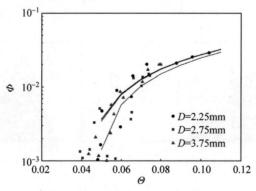

图 5.24　推移质输沙率与水流强度的关系

5.4.2 输沙率的概率密度

  利用图像处理方法计算瞬时输沙率,研究其概率密度分布特征。根据上文对输沙率的定义,实际上将整个观测床面进行空间平均,得到空间平均的瞬时输沙率 gb,如式(2.9)所示,基于此进行分析。

  图 5.25 展示了 6 组水流泥沙条件下空间平均的无量纲瞬时输沙率 ϕ 的概率密度分布,其均满足伽马分布,与运动速度的伽马分布和运动数量的负二项分布一致,均属于类指数分布。ϕ 的概率密度形状与运动数量的概率密度形状更接近,在较低的水流强度下,呈现指数型下降,随着水流强度的增加,逐渐变为钟形,且钟形逐渐向轴对称的正态型演变。

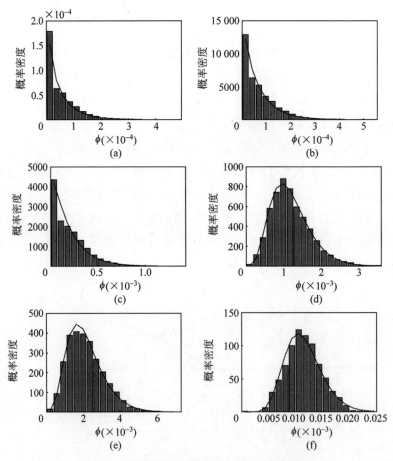

图 5.25 无量纲瞬时输沙率 ϕ 的概率密度分布

(a) C1-1;(b) C1-3;(c) C2-6;(d) C2-10;(e) C3-2;(f) C3-12

5.5　本　章　小　结

本章共进行了包括 3 种粒径(2.25mm,2.75mm 和 3.75mm)的 45 组均匀沙输沙试验。水流强度略高于临界起动水流拖曳力,属于水力粗糙区中的缓流。依据试验结果,分析了推移质的运动特征,包括运动颗粒数量、起动颗粒数量、运动颗粒速度、运动颗粒步长与时长,以及推移质输沙率。

从时均特性来看,运动颗粒数量与起动颗粒数量随水流强度线性增强;根据该线性关系,得到对应 2.25mm,2.75mm 和 3.75mm 3 种颗粒的临界起动希尔兹数分别为 0.0417,0.0421 和 0.0451。瞬时运动颗粒数量的概率密度分布符合负二项分布,随着水流强度的增加,概率密度分布的形状从单一衰减的指数型转为偏态的钟形,逐步发展为轴对称的正态型。概率密度分布形状的改变对应变异系数的变化,随着水流强度的增强,变异系数减小,说明瞬时运动颗粒数量的波动性减弱,这与实际的物理现象一致,即在较弱的水流强度下,颗粒运动的间歇特性明显;而在较强的水流条件下,颗粒运动的连续性增加。分别计算两种方法下的"起动概率",获取到的数值基本一致;从物理意义上来说,两种方法获取的起动概率均接近运动概率,而非 Einsetin 定义的起动概率。

颗粒流向运动速度的时均值随水流强度呈缓慢的线性变化,试验结果与文献中的结果范围一致,但与水流强度的关系则存在差异。展向运动速度随水流强度基本不变,接近零值。流向瞬时运动速度的概率密度符合伽马分布,与文献中的指数分布略有不同,但均为类指数分布;展向瞬时运动速度符合正态分布,与文献结果一致。

运动颗粒步长和时长与采样窗口尺寸相关。在本书的窗口条件下,无量纲运动步长的均值在较小水流强度 $u_*/V_s < 0.25$ 时,对水流强度变化不敏感,而当水流强度 $u_*/V_s \geqslant 0.25$ 时,随水流强度线性增强。无量纲运动时长的均值则与水流强度的关系不明显,保持常数,与前人的试验结果一致。运动步长与时长的概率分布均为长尾形的分布,分别为广义极值与幂律分布,即分布在尾部的衰减较为缓慢。

通过槽尾电子天平称重和图像测量计算两种方法获取推移质输沙率,

计算结果基本一致,但较部分推移质输沙公式的计算结果偏小。根据运动颗粒数量、速度与水流强度的关系可以推导出基于本书试验条件下的推移质输沙公式,从该公式的结果可以看出,随着水流强度的增强,运动颗粒数量相比于运动颗粒速度对推移质输沙率的贡献更大。瞬时输沙率的概率密度分布符合伽马分布,与运动颗粒数量和速度的概率密度分布一致,均为类指数型分布。

第6章 水沙耦合关系

在宏观尺度上,水流与床沙运动的关系主要体现为推移质运动参数的统计值(均值与概率密度)与时均水流强度的关系(第5章进行了相应的研究)。在微观尺度上,由于水流与床沙运动的双重随机性,二者之间的关系更为复杂。前人(Kaftori et al.,1995;Rashidi et al.,1990)通过试验研究发现,颗粒的运动会受到水流相干结构的影响,而受到水流相干结构影响的泥沙颗粒在床面上会形成一些稳定的结构,比如条带结构(Niño et al.,1996)。对于水流、推移质与床面结构三者之间的关系,目前定量化的研究还较少。

本章将进行水沙运动的同步测量(其中流场测量 x-y 平面,泥沙测量 x-z 平面,泥沙的测量区域位于邻近流场测量区域的上游),分析床面形态,建立床面形态与推移质输沙参数的关系,进而定量分析瞬时水流相(包括象限事件)与瞬时泥沙相的关系。

6.1 床面形态与输沙

6.1.1 床面形态

在试验开始前,平整的床面经过水流的冲刷,会形成具有一定特征的床面形态。根据水流状态,缓流对应沙纹和沙垄(沙纹包括顺直沙纹、弯曲沙纹、链状沙纹、舌状沙纹和新月状沙纹等不同形状),临界流对应过渡与动平整床面,急流对应动平整、沙浪、急滩与深潭。本书的水流条件均为缓流(表2.1),理论上对应的床面形态为沙纹与沙垄。

在试验开始之前和之后,在无水条件下测量三维地形数据,二者的差值即床面在试验过程中的高程变化(由于试验前的地形为平整床面,因此二者的差值也反映了试验后的地形)。图6.1给出了试验前后床面的高程变化(选择了3种粒径下各2种水流条件下的床面形态),以最大高程位置作为量纲进行无量纲化,其中极大值的位置代表地形凸起,本书称之为"沙脊";

极小值的位置代表地形凹陷,称之为"沙槽"。结果显示,在本书的水流条件下,大部分的床面形态为顺直条纹状,如 C3-5 组次,有部分床面形态则为弯曲的沙纹状,如 C1-10 组次。在所有试验组次下均出现了水槽中心冲刷强度大、边壁冲刷强度小的现象,与 Colombini 和 Parker (1995)的试验观测结果一致。

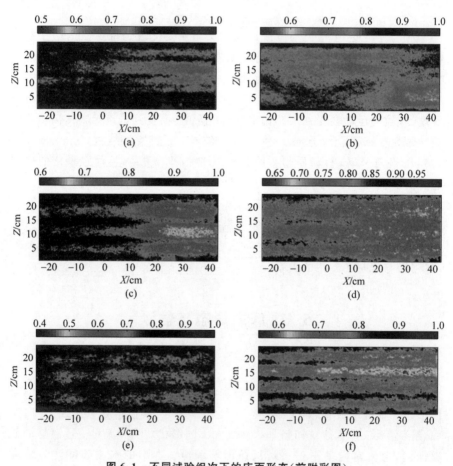

图 6.1　不同试验组次下的床面形态(前附彩图)
(a) C1-4；(b) C1-10；(c) C2-1；(d) C2-8；(e) C3-2；(f) C3-5

统计出现顺直纵向沙纹床面形态的试验组次的水流条件,将出现顺直沙纹的试验组次标记为 1,出现其他形状的试验组次标记为 0,Ind 作为表征函数。将结果点绘在图 6.2 中,发现在水流强度 $\Theta < 0.08$ 时,大部分组次的床面形态为顺直形纵向沙纹,个别组次出现类似图 6.1(a)的沙纹。此

结果与王浩(2016)的试验结果一致,王浩(2016)通过人工观测试验现象得到顺直纵向沙纹的存在条件为 $0.037 < \Theta < 0.08$。本书给出了顺直形沙纹存在的直接证据,更加精确地描述了各水流条件下出现的床面形态。

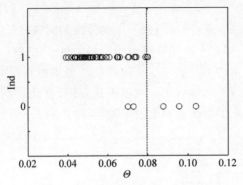

图 6.2　顺直纵向沙纹的存在条件

根据图 6.1 的地形结果,能够获取各试验组次下纵向沙纹的间隔,具体方法如下。

(1) 对地形数据展向上的每一个测量点沿水流方向取平均,得到沿展向的平均高程变化。

(2) 对沿展向的高程变化曲线进行光滑平均,得到沿展向的平均床面高程曲线,如图 6.3 所示的 C3-4 组次曲线。

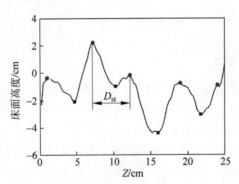

图 6.3　C3-4 组次下平均床面高程沿展向分布(前附彩图)

(3) 选取高程曲线上的极值点,如图 6.3 中红色圆点与蓝色方点分别代表极大值与极小值,极大值代表床面凸起的位置,极小值代表床面凹陷的位置,从图中可以发现极大值与极小值是相间排列的,相邻两个极大值点或两个极小值点的距离为纵向沙纹的间隔 D_{st}。

从图 6.3 可知,在水槽中线附近,床面的冲淤幅度较大,水槽边壁附近的冲淤幅度较小。这与 Colombini 和 Parker(1995)及王浩(2016)的试验现象一致。

从图 6.3 可以发现,同一组次下纵向沙纹的间隔相近,没有出现明显的差异化,因此同一组次下纵向沙纹间隔的均值 $\langle D_{st} \rangle$ 能够反映纵向沙纹的间距。将不同水流条件下的纵向沙纹间隔的均值点绘在图 6.4 中,利用水流外尺度(水深)进行了无量纲化。可以发现,外尺度无量纲化的纵向沙纹在不同的颗粒雷诺数下均在一定范围内波动,均值为 1.47。

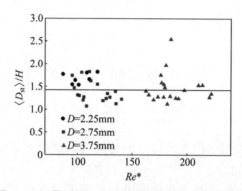

图 6.4   无量纲纵向沙纹间隔随颗粒雷诺数的变化

6.1.2   推移质运动参数的空间分布

1. 运动颗粒数量

在本书每组试验条件下,共有 12 000 组颗粒位置信息。统计每个子区域中颗粒出现的数量,只要子区域足够小,即可知运动颗粒在空间上的位置分布,本书取子区域面积为 1cm×1cm 的正方形。对在每个子区域中出现颗粒的数量利用最大值进行无量纲化,可得图 6.5 中的运动数量空间分布等值线图,数值大的地方代表运动的颗粒数量多,而数值小的地方代表运动的颗粒数量少。图 6.5 展示了 6 组水流条件下运动数量的空间分布,选取组次与图 6.1 组次对应。从图 6.5 中可以发现,运动颗粒数量在空间的分布基本呈现间隔的条带状分布,与三维地形结果一致。另外水槽边壁的运动颗粒数量较少,而水槽中心区域的运动颗粒数量较多,也与三维地形结果匹配。

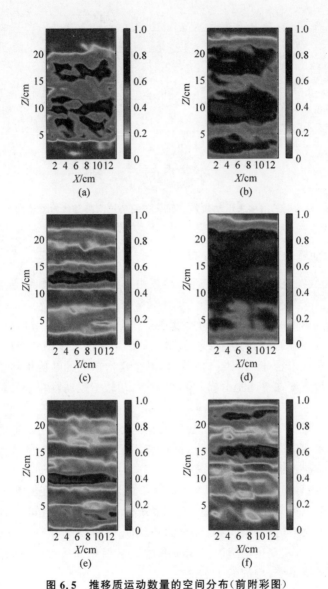

图 6.5　推移质运动数量的空间分布（前附彩图）

(a) C1-4；(b) C1-10；(c) C2-1；(d) C2-8；(e) C3-2；(f) C3-5

　　按照三维地形中纵向沙纹间隔的统计方法统计推移质运动数量的空间分布的条纹间隔$\langle D_{\mathrm{nst}} \rangle$，将利用水深无量纲化的条纹间隔点绘在图 6.6 中，发现无量纲化的条纹间隔$\langle D_{\mathrm{nst}} \rangle / H$ 随颗粒雷诺数无明显变化，均在一定范围内波动，均值为 1.5，与从三维地形中获取的沙纹间隔基本一致。

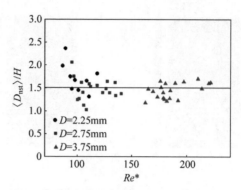

图 6.6　无量纲推移质运动数量空间分布的条纹间隔随颗粒雷诺数的变化

2. 运动颗粒速度的空间分布

运动颗粒速度作为推移质运动参数中具有时空特征的参数,在本书中也进行了空间分布的统计。基于运动颗粒数量子区域的统计,得到子区域上运动颗粒速度的均值,将运动速度在空间分布的均值利用其最大值进行无量纲化,得到图 6.7 的等值线图,图 6.7 展示了图 6.5 中 6 组试验组次下的结果。直观来看,除了 C3-5 组次外,其余组次条纹的结构不够明显,但仍能看出运动速度在空间上分布的不均匀性,相较于运动颗粒数量,这种不均匀性更弱。

虽然在图 6.7 中,颗粒运动速度的空间分布没有呈现明显的间隔分布,但是仍然表现出空间的不均匀性,同样利用上文中条纹间隔的统计方法,统计运动颗粒速度沿展向的变化规律,发现运动颗粒速度沿展向也呈现间隔状分布,如图 6.8 所示,其为 C3-5 组次下的颗粒运动速度沿展向的分布。从图 6.8 中也可以发现,运动速度空间分布的条纹间隔较运动数量的小。统计不同组次下运动速度空间分布的条纹间隔,将无量纲化的条纹间隔点绘在图 6.9 中,发现运动速度空间分布的无量纲化的条纹间隔随颗粒雷诺数的变化保持不变,均值为 1.25。

6.1.3　床面形态与输沙

由上文试验结果可知,在床面地形与推移质输沙参数中,运动颗粒数量与速度的空间分布均呈现条纹状结构,其中床面地形与运动颗粒数量空间分布的条纹较为明显,条纹间隔尺寸一致,而运动颗粒速度空间分布的条纹间隔较前二者小。为了定量化对比三者的关系,将床面地形的条纹间隔与

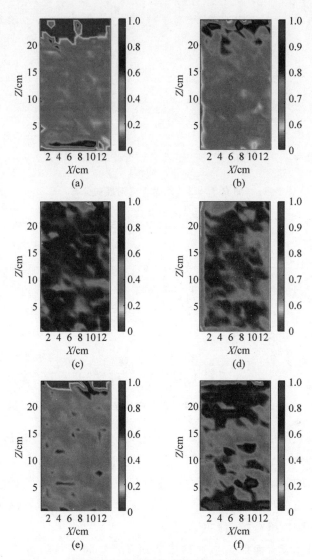

图 6.7　无量纲化运动颗粒速度的空间分布（前附彩图）

(a) C1-4；(b) C1-10；(c) C2-1；(d) C2-8；(e) C3-2；(f) C3-5

推移质运动参数空间分布的条纹间隔进行对比，对比结果见图 6.10。图 6.10(a)展示了无量纲化床面地形条纹间隔$\langle D_{st}\rangle/H$与运动颗粒数量空间分布的无量纲化条纹间隔$\langle D_{nst}\rangle/H$的关系，发现二者在多组水流条件下基本保持一致，图中黑色实线代表横纵坐标等值的参考线（图 6.10(b)与此

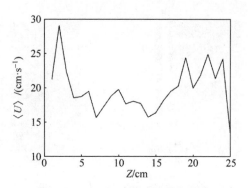

图 6.8　C3-5 运动速度沿展向分布

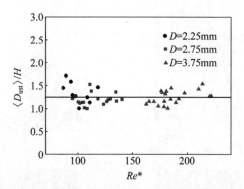

图 6.9　无量纲化运动颗粒速度空间分布的条纹间隔随颗粒雷诺数的变化

相同);图 6.10(b)展示了 $\langle D_{st}\rangle/H$ 与 $\langle D_{ust}\rangle/H$ 的对比关系,发现二者在多组水流条件下是明显相关的,但是床面地形的条纹间隔普遍大于运动速度空间分布的条纹间隔。说明在输沙过程中,运动颗粒数量对地形的形成起到重要作用,而运动速度的贡献较小。这与上文的结论一致(运动颗粒数量对输沙率的贡献较运动速度大)。

　　上文对比了床面地形与推移质运动参数空间分布的条纹间隔的平均值,发现了三者的相关关系。为了更加确切地分析三者在空间分布的关系,将床面地形分布、运动颗粒数量与运动颗粒速度的空间分布进行人工拼接,如图 6.11 为 C3-5 组次下三者的拼接图。可以发现第一条黑色直线贯穿了地形中的沙槽、运动数量较多和运动速度较大的部分,而第二条直线贯穿了地形中的沙脊、运动数量较少和运动速度较小的部分,且地形条带与运动数量分布图形成的条带为一一对应关系。

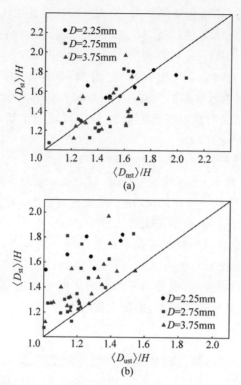

图 6.10　床面地形条纹间隔与推移质运动参数空间分布条纹间隔对比

（a）$\langle D_{st}\rangle/H$ 与 $\langle D_{nst}\rangle/H$ 的对比；（b）$\langle D_{st}\rangle/H$ 与 $\langle D_{ust}\rangle/H$ 的对比

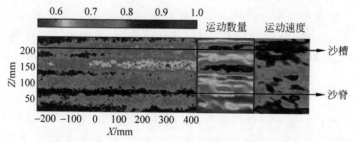

图 6.11　C3-5 床面地形、运动数量与运动速度空间分布的拼接图（前附彩图）

对于本书试验条件下出现的条带状的床面形态，研究者认为规律性交替分布的 Q2 与 Q4 事件形成了条纹状的床面形态（Nezu et al.，1989；Gyr et al.，1997；Zhong et al.，2016；王浩，2016）。Q2 事件指上升流，在床面附近的流速小，形成沙脊；而 Q4 事件的下降流，在床面附近的流速大，形成沙槽。而 Q2 与 Q4 事件的交替排列,使得地形呈现条纹状的结构。

对于 Q2 与 Q4 事件的形成,Nezu 和 Nakagawa(1989)认为与边壁引起的二次流有关,而 Zhong 等(2016)认为与流向涡有关。二次流是由于壁面效应形成的,因此理论上边壁区的 Q2 与 Q4 事件更强,床面的条纹现象更加明显;流向涡为发夹涡的涡腿(Robinson,1991),在全水深引发大规模的 Q2-Q4 事件,从而形成了床面的条纹,Q2-Q4 事件的展向宽度约为 1 倍水深(Zhong et al.,2016)。

从本书试验结果可以推断床面地形的形成过程:Q2 事件的上升流区域,由于水流流速较小,泥沙起动数量少,起动后运动速度慢,从而形成了床面的沙脊;Q4 事件的下降流区域,由于水流流速较大,泥沙起动数量多,起动后运动速度快,从而形成了床面的沙槽。

在本书中运动数量与速度呈现中间大边壁小的特点,与二次流假说不符;而床面形态呈现 1.5 倍水深的间隔,虽然相较于流向涡引起的 Q2-Q4 事件 2 倍水深的间隔较小,但是由于本书的床面形态是沿展向进行平均的结果,边壁附近的条带间隔较小,因此均值较小。

6.2 瞬时输沙与瞬时水流

6.2.1 瞬时水流相

推移质运动是随机的(Einstein,1950;Grass,1971;Lajeunesse et al.,2010),一般认为这是由瞬时水流强度的随机性造成的(Gyr et al.,1997)。表征瞬时水流强度的参数有多个,包括脉动流速、水流象限事件等,本节介绍可能与推移质相关的水流参数的选取。

1. 脉动流速

水流的瞬时流速可以分解为时均流速与脉动流速之和,如式(2.6)所示,脉动流速的大小与瞬时水流强度直接相关,脉动流速越大,瞬时水流强度越强。本书选取的水流参数为脉动流速,在每组水流条件下,共有 12 000 对流场,每对流场有 $m_1 \times m_2$ 个测量点,m_1 与 m_2 取决于采样区域和诊断窗口的大小,本书采样区域的设定见 2.1.3 节,诊断窗口统一取 16×16 $pixel^2$。每对流场的每一个测量点均可求得脉动流速,均为该点瞬时流速与该点在 12 000 对流场中时均流速的差值。图 6.12 给出了 C1-9 组次下一张典型的脉动流场,箭头方向代表脉动流速方向,箭头大小代表脉动流速的绝对值。可以发现在不同位置,脉动流速的大小和方向均不相同。

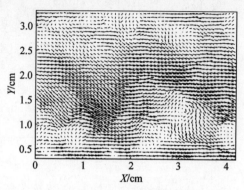

图 6.12　C1-9 典型脉动流场

在图 6.12 中需要选择一个脉动流速的代表值。首先考虑空间的问题,与水流相相关的是床面空间均值,因此脉动流速的代表值也选取空间平均结果;考虑到部分研究者认为推移质运动与近底水流有关,本书的空间平均有两种方式:一是对内区 $y/H < 0.2$ 平均,得到沿流向和垂向的瞬时脉动流速 u'_{f1} 和 v'_{f1};二是对全水深区域平均,得到沿流向和垂向的瞬时脉动流速 u'_{f2} 和 v'_{f2}。

图 6.13 为 C1-9 组次空间平均后的脉动流速的部分时间序列(总共 120s),从图中可知,沿流向的脉动流速的波动幅值大于沿垂向的脉动流速;沿水深平均的脉动流速与内区的脉动流速的波动趋势相近,计算 u'_{f1} 和 u'_{f2} 序列的相关系数为 0.58,属于强相关,理论上二者对推移质的影响相似。为了对比说明水深对推移质运动的影响,本书保留两种空间平均方式,选取瞬时水流相为 u'_{f1} 和 u'_{f2}。

同时本书也考虑了仅代表脉动流速大小的值 uv'_{f1} 和 uv'_{f2},二者分别为两种水深下脉动流速在 2 个方向的合速度。图 6.14 展示了两种水深下脉动流速的合速度,发现二者仍存在一定的相关度,计算相关系数为 0.34,为中等相关。

2. 水流象限事件

水流象限事件指按照脉动流速的方向划分的水流事件,当 $u'_f > 0$ 且 $v'_f > 0$ 时,为第一象限事件 Q1;当 $u'_f < 0$ 且 $v'_f > 0$ 时,为第二象限事件 Q2,

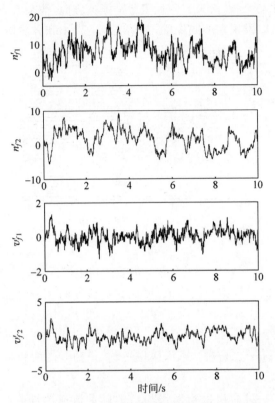

图 6.13   C1-9 空间平均后脉动流速的时间序列

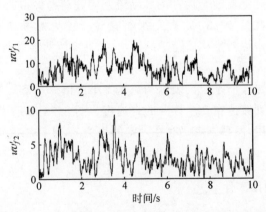

图 6.14   C1-9 空间平均后脉动流速的合速度时间序列

也被称为"喷射事件";当 $u_f' < 0$ 且 $v_f' < 0$ 时,为第三象限事件 Q3;当 $u_f' > 0$ 且 $v_f' < 0$ 时,为第四象限事件 Q4,也称为"清扫事件",其中 Q2 与 Q4 事件被合称为"紊动猝发事件"。

目前对于象限事件对泥沙输移的作用存在争论,争论主要集中在 Q1,Q2 与 Q4 事件中。因此本书设定瞬时流速参数 $uv1_f'$ 和 $uv2_f'$ 来反映 Q1,Q2 与 Q4 事件。在图 6.14 中,脉动流速合速度的时间序列反映了绝对水流脉动的大小,且均为正值,当规定 Q4 事件的脉动流速为负、Q2 事件的脉动流速为正、Q1 与 Q3 事件的脉动流速为零时,即

$$uv1_f' = \begin{cases} -uv_f'u_f' > 0, & v_f' < 0(\text{Q4}) \\ uv_f'u_f' < 0, & v_f' > 0(\text{Q2}) \\ 0u_f' > 0, & v_f' > 0(\text{Q1}) \\ 0u_f' < 0, & v_f' < 0(\text{Q3}) \end{cases} \tag{6.1}$$

式中,$uv1_f'$ 就代表了 Q4-Q2 事件的时间序列,同样将其分为内区平均的 $uv1_{f1}'$ 和全水深平均的 $uv1_{f2}'$。当规定 Q4 时间的脉动流速为负、Q1 事件的脉动流速为正、Q2 与 Q3 事件的脉动流速为零时,即

$$uv2_f' = \begin{cases} -uv_f'u_f' > 0, & v_f' < 0(\text{Q4}) \\ uv_f'u_f' > 0, & v_f' > 0(\text{Q1}) \\ 0u_f' < 0, & v_f' > 0(\text{Q2}) \\ 0u_f' < 0, & v_f' < 0(\text{Q3}) \end{cases} \tag{6.2}$$

式中,$uv2_f'$ 就代表了 Q4-Q1 事件的时间序列,同样将其分为内区平均的 $uv2_{f1}'$ 和全水深平均的 $uv2_{f2}'$。以 C1-9 组次为例,图 6.15 给出 Q4-Q2 事件和 Q4-Q1 事件不同空间尺度平均下的时间序列。从图中可知,在内区中 Q2 与 Q4 事件占比较大,而 Q1 与 Q3 事件占比较小;而全水深平均后,Q2 与 Q4 事件占比下降,Q1 与 Q3 事件占比上升。这与 Nelson 等(1995)、Krogstad 和 Antonia (1999)及 Radice 等(2013)的试验结果一致。

综上,待计算的瞬时水流相共 8 项,包括内区/全水深平均的沿流向的脉动流速,内区/全水深平均的脉动流速,内区/全水深平均的 Q4-Q2 事件,内区/全水深平均的 Q4-Q1 事件,每个水流相的时间序列均为 12 000,其对应符号见表 6.1。

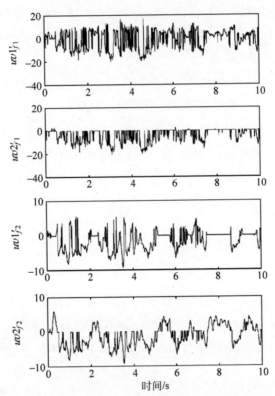

图 6.15   C1-9 代表 Q4-Q2 事件和 Q4-Q1 事件的时间序列

表 6.1   瞬时水流相

名　　称	符号	名　　称	符号
内区沿流向脉动流速	u'_{f1}	全水深沿流向脉动流速	u'_{f2}
内区脉动流速	uv'_{f1}	全水深脉动流速	uv'_{f2}
内区 Q4-Q2 事件	$uv1'_{f1}$	全水深 Q4-Q2 事件	$uv1'_{f2}$
内区 Q4-Q1 事件	$uv2'_{f1}$	全水深 Q4-Q1 事件	$uv2'_{f2}$

6.2.2   瞬时输沙相

与瞬时水流相同步测量的输沙相为运动颗粒数量、起动颗粒数量和运动颗粒速度,由 2.2.3 节可知,全观测区域平均的瞬时运动颗粒数量、起动颗粒数量和运动颗粒速度分别被标记为 N,N_e 和 U,图 6.16 给出了 C1-9 组次下,N,N_e 和 U 的时间序列。从图中可知,运动颗粒数量与起动颗粒数量随时间变化的趋势一致,C1-9 组次下二者的相关系数为 0.42,为中等相关;运动颗粒数量与运动速度的变化规律存在差异,二者的相关系数为 0.25,为弱相关。运动速度随时间的波动周期性不明显,相较于运动颗粒数量,起动颗粒数量随时间的波动更加剧烈、随机性更高。

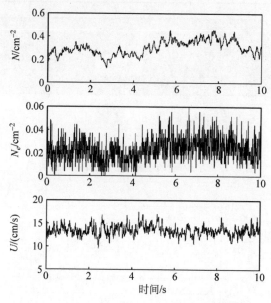

图 6.16　C1-9 组次下 N,N_e 和 U 的时间序列

　　由于流场测量的是中垂面,而泥沙测量的是整个 x-z 平面,如图 6.17 所示,因此本书单独统计了 x-z 面中垂线附近的输沙相。考虑到输沙相在空间的条带状分布,与中垂面流场最相关的区域为中垂线附近 1 个条带宽度的区域,在本书中约为 0.75 倍的水深范围,为了确保统计的代表性,本书取最大条带宽度 1 倍水深作为统计子区域,即相机 1 测量区域中线双实线包含的区域。统计子区域中瞬时泥沙运动颗粒数量、泥沙起动颗粒数量与运动颗粒速度,分别标记为 N_c,N_{ec} 和 U_c。图 6.18 给出了 C1-9 组次下中线 1 倍水深区域的运动颗粒数量、起动颗粒数量与运动颗粒速度随时间的变化。从图中可以发现,输沙相的运动规律与图 6.16 中的规律基本一致。运动颗粒数量随时间波动呈现一定的周期性,与起动颗粒数量的波动规律基本一致,二者的相关系数为 0.39,属于中等相关。起动颗粒数量随时间的波动更加剧烈,零值更多;运动颗粒速度随时间波动的周期性不明显,与运动颗粒数量的相关系数为 0.14,属于弱相关。

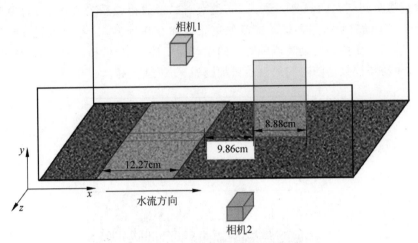

图 6.17 水沙同步测量区域示意图(前附彩图)

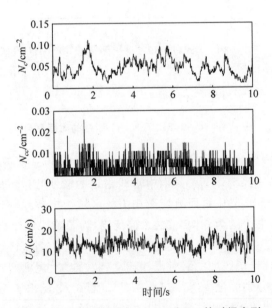

图 6.18 C1-9 组次下 N_c, N_{ec} 和 U_c 的时间序列

综上,瞬时输沙相包括:全观测区域/中线 1 倍水深区域的运动泥沙数量、起动泥沙数量与运动颗粒速度,共 6 相。其中运动泥沙数量与起动泥沙数量为中等相关。瞬时输沙相统计在表 6.2 中。

表 6.2　瞬时输沙相

名　称	符号	名　称	符号
中线 1 倍水深运动泥沙数量	N_c	全区运动泥沙数量	N
中线 1 倍水深起动泥沙数量	N_{ec}	全区起动泥沙数量	N_e
中线 1 倍水深运动颗粒速度	U_c	全区运动颗粒速度	U

6.2.3　水沙互相关

在对 8 个水流相与 6 个泥沙相进行互相关计算之前,需要先解决水流与泥沙测量区域空间不匹配的问题。如图 6.17 所示,流场在泥沙测量区域的下游,理论上需要将流场"迁移"到泥沙采样区域,之后再进行互相关的结果才是可靠的。

在湍流理论中(Dennis et al.,2008),流体是拟序结构,因此当边界条件一致时,充分发展的湍流区域流速序列是相似的,均值是一致的。本书测量的水流相与泥沙相之间实际存在时间差,即某一时刻在上游与泥沙同时同地运动的水流,要经过一段时间后运动到流场的采样窗口。这个时间差与水流的运动速度有关,本书取水流的平均运动速度,在图 6.17 中从蓝色采样区域沿 x 轴的中心点运动至红色采样区域,沿 x 轴中心点的位移为20.43cm,本书试验条件下平均流速范围为 37~62cm/s(详见表 2.1),计算得到的时间差范围为 0.33~0.55s。此范围为估计范围,直接使用不够准确,但是此范围说明在本书采样序列(共 120s)下,两个采样区域的信息能够大范围的重叠,满足进行相关计算的要求。

考虑到由于采样区域引起的时间差和水流相与泥沙相相互作用的延时(Radice et al.,2013),本书采用延时相关计算水流相与泥沙相,利用MATLAB 的 xcorr 函数计算延时相关。利用 xcorr 函数计算两个序列在一系列延时序列下对应点乘积的和的相对大小,其仅能够反映相关系数的相对大小。如图 6.19 所示,其为全水深沿流向的脉动流速 u'_{f2} 与中线 1 倍水深区域运动颗粒数量 N_c 的延迟互相关系数,最大延迟时间为 ±120s。从互相关系数与延迟时间的关系曲线中发现有正负两个极值点,分别用红色和蓝色实心点标明,对应的延时为负值和正值。正极值点对应极值为 0.102,负极值点对应极值为 -0.128,绝对值最大的负极值点代表序列延时后,相关度最高的位置。负极值点对应的延时为正,代表 u'_{f2} 滞后于 N_c,即 N_c 的原始序列与延时后的 u'_{f2} 的序列相关系数出现最大值,属于弱负相关关系。这与物理机理相符合,即水流对泥沙的作用有一定的延时效应。本书得到的延时并非准确的泥沙对水流的延时效应,而是包含了采样区间存在的时间差。

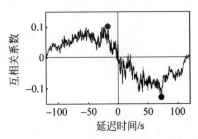

图 6.19　C1-9 u'_{f2} 与 N_c 的延迟互相关(前附彩图)

利用 xcorr 函数得到延时时间后,可对原始序列截取相关度最高的部分,计算互相关系数。以图 6.19 中示例为例,得到延迟时间为 72.4s,截取 u'_{f2} 中 72.4~120s 部分,以及 N_c 中 1~47.6s 部分,进行互相关计算:

$$R_{uu}(C_1,C_2) = \frac{\text{Cov}(C_1,C_2)}{\sqrt{V_{\text{ar}}|C_1|V_{\text{ar}}|C_2|}} \tag{6.3}$$

式中,C_1 与 C_2 代表待计算的序列,式(6.3)的等号左侧代表相关系数,等号右侧的分子为两个序列的协方差,分母为两个序列方差乘积的平方根。以图 6.19 中示例为例,对原始序列进行相关计算的相关系数为 0.15,对截取后的序列计算的相关系数为 −0.23,均属于弱相关。

本书采取两种方式计算相关系数:①利用 xcorr 函数得到延迟时间后,截取原始序列进行互相关计算;②直接对原始序列进行互相关计算,作为对照。在 45 组水流条件下,利用方法一得到的相关系数见表 6.3,利用方法二得到的相关系数见表 6.4,表中数值代表对相关系数取绝对值后计算的 45 组水流条件的均值。

从表 6.3 和表 6.4 中可以发现,相关系数大于 0.1 的水流泥沙相在两张表中基本一致,即对瞬时泥沙运动产生影响的水流相为沿流向的脉动流速与 Q4-Q2 事件,主要影响的泥沙运动的参数为泥沙运动颗粒数量。从均值来看,存在相关的水流与泥沙的相关系数均大于 0.1、小于 0.3,即为弱相关关系。对水流相来说,以内区进行平均的水流相与以全水深进行平均的水流相对泥沙的影响差别不大,是因为两种方式平均的水流相本身存在较强的相关性,因此两种方式平均的水流相均可以作为水流相的特征值;对泥沙相来说,全测量区域和中线 1 倍水深区域的运动颗粒数量对沿水流脉动流速的响应基本一致,但对于 Q4-Q2 事件,中线 1 倍水深区域的运动颗粒数量的响应更强,这说明泥沙运动受局部的象限事件的影响。

表 6.3　水流相与泥沙相相关系数均值(方法一)

	u'_{f1}	uv'_{f1}	$uv1'_{f1}$	$uv2'_{f1}$	u'_{f2}	uv'_{f2}	$uv1'_{f2}$	$uv2'_{f2}$
N	0.21	0.08	0.14	0.06	0.14	0.06	0.12	0.07
N_c	0.19	0.08	0.15	0.08	0.19	0.06	0.16	0.09
N_e	0.10	0.04	0.07	0.03	0.07	0.03	0.06	0.03
N_{ec}	0.08	0.04	0.06	0.04	0.08	0.03	0.07	0.04
U	0.11	0.04	0.09	0.03	0.09	0.04	0.07	0.04
U_c	0.09	0.04	0.08	0.04	0.09	0.05	0.08	0.05

表 6.4　水流相与泥沙相相关系数均值(方法二)

	u'_{f1}	uv'_{f1}	$uv1'_{f1}$	$uv2'_{f1}$	u'_{f2}	uv'_{f2}	$uv1'_{f2}$	$uv2'_{f2}$
N	0.15	0.08	0.11	0.04	0.10	0.04	0.08	0.04
N_c	0.14	0.07	0.11	0.05	0.16	0.05	0.13	0.07
N_e	0.08	0.04	0.06	0.02	0.05	0.02	0.03	0.02
N_{ec}	0.06	0.03	0.04	0.02	0.06	0.02	0.05	0.02
U	0.08	0.04	0.06	0.02	0.06	0.03	0.04	0.02
U_c	0.06	0.03	0.04	0.02	0.07	0.03	0.05	0.03

　　将方法一计算的 u'_{f1} 与 N、$uv1'_{f1}$ 与 N、u'_{f2} 与 N_c 及 $uv1'_{f2}$ 与 N_c 在各组水流条件下的相关系数点绘在图 6.20 中,注意每个相关系数均取绝对值。从图中可以发现,水流相对泥沙相的影响随着水流强度的增强而增加,说明随着水流强度增强,泥沙运动数量对水流的响应增强。流向脉动流速在较大水流强度下与运动颗粒数量呈现强相关,而 Q4-Q2 事件在相同的水流强度下与运动颗粒数量呈现中等强度相关。

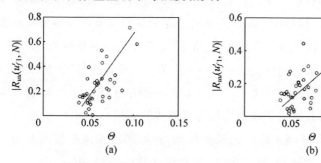

图 6.20　水流相与泥沙相的颗粒互相关系数

(a) u'_{f1} 与 N 的相关系数; (b) $uv1'_{f1}$ 与 N 的相关系数; (c) u'_{f2} 与 N_c 的相关系数;

(d) $uv1'_{f2}$ 与 N_c 的相关系数

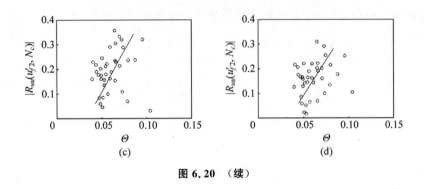

图 6.20 （续）

6.3　本 章 小 结

本章进行了水沙同步测量,根据试验结果定量分析了床面形态与输沙参数的关系,并对瞬时水流与泥沙相进行了相关分析。

在本书试验条件下,床面大多数呈现条带状的结构,从三维地形结果来看,条带状床面形态出现在 $\Theta < 0.08$ 的水流条件下,统计条带间隔发现三维地形的条带间隔平均为 1.47 倍水深,且与其他水流参数无关。输沙参数包括推移质运动颗粒数量与速度在空间上也呈现了相似的条带分布,其中运动颗粒数量的条带分布较为明显,条带间隔统计均值为 1.51 倍水深,与床面形态的条带间隔相近;而运动颗粒速度的条带分布不明显,但在展向上仍呈现间隔型分布,条带间隔统计均值为 1.25 倍水深。从条带间隔来看,床面形态与推移质运动颗粒数量分布的条带间隔一致,而比运动速度分布的条带间隔大。根据同一组次下 3 种分布的拼接结果可以得出床面形态的形成过程:在间隔分布的高低速流带下,上升流一侧的流速较小,导致运动泥沙数量少,且运动的速度小;而在下降流一侧的流速较大,导致泥沙运动数量多,且运动速度大。本章不仅在试验上给出了床面地形与输沙参数的定量关系,同时也给出了床面地形形成假说的证据。

为了深入理解水流对泥沙运动的影响,选取瞬时水流参数共 8 项:内区/全水深沿流向的脉动流速,内区/全水深的脉动流速,内区/全水深 Q4-Q2 事件和内区/全水深 Q4-Q1 事件;瞬时泥沙参数共 6 项:全观测区域/中线 1 倍水深区域平均的瞬时运动颗粒数量,全观测区域/中线 1 倍水深区域起动颗粒数量和全观测区域/中线 1 倍水深区域运动颗粒速度。对水流相和泥沙相进行互相关计算,从相关系数来看:对瞬时泥沙运动产生影响的水流相为沿流向的脉动流速与 Q4-Q2 事件,主要影响的泥沙运动参数为泥沙运动颗粒数量;随着水流强度的增强,流向脉动流速与 Q4-Q2 事件对泥沙运动颗粒数量的影响增大。

第 7 章 结论与展望

7.1 主要结论

本书基于图像处理技术(水沙同步测量技术以及三维地形测量技术等),在明渠水槽中开展了均匀沙平衡输沙试验研究。试验用沙为天然均匀沙,粒径为 3 组(平均粒径分别为 2.25mm,2.75mm 和 3.75mm),通过变化坡度与流量,共设计了 45 组不同水流泥沙条件。其中水流均为紊流,处于水力粗糙区,水流强度高于推移质的临界起动条件。针对试验条件,提出了适应复杂高频背景的推移质追踪方法,并分析了图像测量参数对推移质运动的影响,基于水沙同步测量的数据分析了均匀沙的运动特征,并定量分析了水流-泥沙的耦合关系。

本书的主要结论如下。

(1)在复杂高频背景下,经典的推移质颗粒识别与追踪方法适应性差,需要在 3 个方面改进:在图像相减的基础上利用二值化重新确定了颗粒质心;在灰度互相关的基础上利用卡尔曼滤波平衡测量值与预测值,得到了当前位置,增加了全局关联;对不完整的颗粒链进行了链接与修复。利用仿真图像和实际图片对新算法进行了检验,发现其精度更高、适应性更好,而经典的方法则低估了运动颗粒数量、运动的步长与时长。

(2)由于推移质运动存在间歇特性,采样间隔对运动参数(特别是运动颗粒数量、运动速度和运动时长)的影响较大,不可以忽略。利用简化的推移质"跳—停"运动模型进行分析,发现运动颗粒数量与运动时长随采样间隔线性增加,运动速度随采样间隔减小,而运动步长和输沙率与采样间隔无关。试验结果与模型理论分析的结论相符。

(3)在进行推移质运动测量时,需要合理选取图像处理参数。采样间隔的最大值应低于运动步长的 0.1 倍,最小采样间隔需要保证颗粒在两帧间的位移大于 1 个像素。样本容量和采样历时需要保证统计的时均运动参数收敛(在本书试验水流泥沙条件下,分别需要满足 5000 帧和 100s),采样面积需考虑运动参数在空间上的分布,本书仅考虑运动颗粒数量与速度的空间分布,得到了无量纲采样面积(以粒径平方作为量纲)需大于 400。

(4) 从时均特性来看,运动颗粒数量与起动颗粒数量均与水流强度呈线性关系,对应粒径为 2.25mm,2.75mm 和 3.75mm,临界起动希尔兹数分别为 0.0417,0.0421 和 0.0451。瞬时运动颗粒数量的概率密度分布符合负二项分布,随着水流强度的变化,概率密度分布的形状从单一衰减的指数型转为偏态的钟形,逐步发展为轴对称的正态型。分别计算两种方法下的“起动概率”,数值基本一致;从物理意义上来说,两种方法获取的起动概率均接近运动概率,而非 Einsetin 定义的起动概率。

(5) 流向运动颗粒速度的时均值随水流强度呈缓慢的线性变化,展向运动颗粒速度随水流强度基本不变,无量纲展向运动速度在 0 值附近波动;流向瞬时运动速度的概率密度符合伽马分布,虽然与文献中的指数分布略有不同,但均为类指数分布。展向瞬时运动速度的概率密度符合正态分布,与文献结果一致。

(6) 在本书的采样窗口尺寸下,当无量纲运动步长的均值在较小水流强度下时($u_* / V_s < 0.25$),对水流强度变化不敏感,而当水流强度 $u_* / V_s \geqslant 0.25$ 时,随水流强度线性增强;无量纲运动时长的均值与水流强度的关系不明显,基本保持常数。运动步长与时长的概率分布均为长尾形的分布,分别为广义极值与幂律分布,即分布在尾部的衰减较为缓慢,说明运动步长与时长在当前采样窗口下不存在一阶矩,即随着采样窗口的增大,运动步长与时长会随之增大。

(7) 采用槽尾电子天平称重和图像测量计算两种方法得到的推移质输沙率结果基本一致。根据运动颗粒数量、速度与水流强度的关系可以推导出基于本书试验条件下的推移质输沙公式,从该公式的结果可以看出,随着水流强度的增强,运动颗粒数量相比于运动颗粒速度对推移质输沙率的贡献更大。瞬时输沙率的概率密度分布符合伽马分布,与运动颗粒数量及速度的概率密度分布一致,均为类指数型分布。

(8) 在本书试验条件下,大部分水流条件下床面呈现条带状的结构。条带状床面形态出现在 $\Theta < 0.8$ 的水流条件下,条带间隔平均为 1.47 倍水深,且与其他水流参数无关。输沙参数(推移质运动颗粒数量与速度)在空间上也呈现了相似的条带分布,其中运动颗粒数量的条带分布较为明显,条带间隔统计均值为 1.51 倍水深,与床面形态的条带间隔相近;而运动颗粒速度的条带分布不明显,但在展向上仍呈现间隔型分布,条带间隔统计均值

为 1.25 倍水深。从条带间隔来看,床面形态与推移质运动颗粒数量分布的条带间隔一致,而比运动速度分布的条带间隔大。

(9) 为揭示水流对泥沙运动的影响,选取 8 项瞬时水流参数(内区/全水深沿流向的脉动流速,内区/全水深的脉动流速,内区/全水深 Q4-Q2 事件和内区/全水深 Q4-Q1 事件)和 6 项瞬时泥沙参数(全观测区域/中线 1 倍水深区域平均的瞬时运动颗粒数量,全观测区域/中线 1 倍水深区域起动颗粒数量及全观测区域/中线 1 倍水深区域运动颗粒速度)进行相关分析。从相关系数来看,对瞬时泥沙运动产生影响的水流相为沿流向的脉动流速与 Q4-Q2 事件,主要影响的泥沙运动参数为泥沙运动颗粒数量。随着水流强度的增强,流向脉动流速与 Q4-Q2 事件对泥沙运动颗粒数量的影响增大。

7.2　本书创新点

(1) 提出了基于卡尔曼滤波的推移质运动颗粒新追踪算法,量化了采样时间间隔对推移质运动参数的影响,研发了基于图像处理技术的水沙同步耦合测量系统。

(2) 进行了多组次的推移质输沙试验,得到了推移质的运动参数随水流与粒径的变化规律,澄清了起动概率与运动概率的异同,验证了运动步长/时长的概率密度符合长尾型分布的假设。

(3) 采用双相机进行同步拍摄、记录二维水流与泥沙运动信息,根据对两相时间序列的相关分析,发现对瞬时泥沙运动产生影响的水流相为沿流向的脉动流速与 Q4-Q2 事件。

7.3　研 究 展 望

本书基于图像测量技术提出了新的推移质追踪算法,分析了图像测量参数对推移质运动结果的影响,进而在单颗粒运动的尺度上解析了推移质运动的基本规律,初步建立了水流与泥沙的相关关系。

后续研究方向主要集中在四个方面。

(1) 从低强度输沙扩展到高强度输沙。目前二维图像技术仅适用于测量表层泥沙的运动,当水流强度较高、水槽内有多层泥沙运动时,二维图像处理技术会产生较大的测量误差,因此目前基于图像处理技术对推移质输沙的试验研究主要集中在较低水流强度条件下。如何实现在高水流强度下泥沙运动特征的测量,是未来在图像处理技术中需要突破的问题。

(2)从均匀沙扩展到非均匀沙。在天然河道中大部分运动为非均匀沙的运动,由于时间关系,本书仅进行了均匀沙的运动特征的研究,未来应该更多地进行非均匀沙的研究。在具体的图像处理技术上,需要做出针对非均匀沙尺寸和隐蔽度等方面的改进。

(3)从局部窗口扩展到全局窗口。本书研究了采样面积对推移质运动数量与速度的收敛性影响,但事实上,采样水流方向窗口尺寸的大小会实质性影响推移质运动步长与时长的测量结果。为此,可以将多台相机进行拼接,加大采样窗口的尺寸,从而能够对推移质运动步长与时长进行更合理的观测。

(4)从简单脉动扩展到相干结构。本书仅建立了泥沙运动与脉动流速及象限事件的相关关系,事实上在明渠湍流理论中存在多种尺度的相干结构,大尺度相干结构对泥沙运动的影响更为显著,因此进一步分析泥沙运动与水流中大尺度相干结构的关系十分必要,也是下一步研究的重点。

参 考 文 献

白玉川,陈有华,韩其为,2012.泥沙颗粒跃移运动机理[J].天津大学学报(自然科学与
　　工程技术版),45(3):196-201.

范念念,2014.从单颗粒受力到群体运动特征的推移质研究[D].北京:清华大学.

谷稳,2013.基于进化匈牙利算法的目标分配问题研究及应用[D].西安:西安电子科技
　　大学.

韩其为,何明民,1980.泥沙运动统计理论[J].科学通报,25(2):82-84.

韩其为,2004.推移质中的几个理论问题研究[J].中国水利,18:48-52,10.

胡春宏,惠遇甲,1990a.高速摄影技术在泥沙研究中的应用[J].泥沙研究,(1):61-66.

胡春宏,惠遇甲,1990b.推移质颗粒跃移运动的随机特性[J].泥沙研究,(4):1-9.

胡春宏,惠遇甲,1991.水流中颗粒跃移参数的试验研究[J].水动力学研究与进展:
　　A辑,增刊1:71-81.

胡春宏,惠遇甲,1993.水流中跃移颗粒的受力分析[J].水利学报,(1):11-20.

胡春宏,惠遇甲,1995.明渠挟沙水流运动的力学和统计规律[M].北京:科学出版社.

马宏博,2014.推移质运动的随机力学理论[D].北京:清华大学.

孟震,2015.推移质运动基本规律研究[D].北京:清华大学.

苗蔚,陈启刚,李丹勋,等,2015.泥沙起动概率的高速摄影测量方法[J].水科学进展,
　　26(5):698-706.

聂锐华,杨克君,刘兴年,等,2012.非均匀沙卵石推移质输移随机特性研究[J].水利学
　　报,04:487-492,501.

钱宁,万兆惠,2003.泥沙运动力学[M].北京:科学出版社.

彤丽,谌昌强,2013.基于人工蜂群算法的多目标跟踪数据关联研究[J].西南大学学报
　　(自然科学版),(9):86-93.

沈颖,2013.滚动推移质运动的统计规律[D].天津:天津大学.

孙东坡,高昂,刘明潇,等,2015.基于图像识别的推移质输沙率检测技术研究[J].水力
　　发电学报,34(9):85-91.

唐立模,王龙,王兴奎,2006.水流强度对推移质三维运动规律的影响[J].水力发电学
　　报,(3):45-48.

唐立模,王兴奎,2008.推移质颗粒平均运动特性的试验研究[J].水利学报,(8):
　　895-899.

唐立模,何晔,唐洪武,等,2013.推移质颗粒3维运动紊动特性试验研究[J].四川大学
　　学报(工程科学版),45(2):13-17.

王殿常,2000.明槽紊流近壁区的带状结构及颗粒运动规律研究[D].北京:清华大学.

王浩,2016.紊流相干结构及对推移质运动特性影响的研究[D].北京:清华大学.

王龙,2009.明渠水流相干结构的试验研究[D].北京:清华大学.

徐海珏,沈颖,白玉川,2014.推移质滚动的机理及统计规律[J].水利学报,45(10):1184-1192.

许琳娟,2016.非均匀沙床面颗粒运动试验研究[D].北京:中国水利水电科学研究院.

张家怡,2010.图像识别的技术现状和发展趋势[J].电脑知识与技术(学术版),21:6045-6046.

钟强,2014.明渠紊流不同尺度相干结构实验研究[D].北京:清华大学.

钟强,陈启刚,曹列凯,等,2015.高坝泄洪水面曲面及流速场的原型测量方法[J].水科学进展,26(6):829-836.

周双,张根广,梁宗祥,等,2015.斜坡上均匀散粒体泥沙的起动流速研究[J].泥沙研究,(4):7-13.

ABBOTT J E, FRANCIS J R D, 1977. Saltation and suspension trajectories of solid grains in a water stream[J]. Philosophical Transactions of the Royal Society A Mathematical Physical & Engineering Sciences,284(1321):225-254.

ADRIAN RJ,MARUSIC I,2012. Coherent structures in flow over hydraulic engineering surfaces[J]. Journal of Hydraulic Research,50 (5):451-464.

ALI S Z,DEY S,2017. Origin of the scaling laws of sediment transport[J]. Proceedings of the Royal Society A-Mathematical Physical & Engineering Sciences,473(2197):20160785.

ANCEY C,BIGILLON F,FREY P,et al,2002. Saltating motion of a bead in a rapid water stream[J]. Physical Review E,66(3):036306.

ANCEY C,BIGILLON F,FREY P,et al,2003. Rolling motion of a bead in a rapid water stream[J]. Physical Review E,67(1):011303.

ANCEY C, BÖHM T, JODEAU M, et al, 2006. Statistical description of sediment transport experiments[J]. Physical Review E,74(1):011302.

ANCEY C,DAVISON A C,BÖHM T,et al,2008. Entrainment and motion of coarse particles in a shallow water stream down a steep slope [J]. Journal of Fluid Mechanics,595:83-114.

ANCEY C,2010. Stochastic modeling in sediment dynamics:Exner equation for planar bed incipient bed load transport conditions[J]. Journal of Geophysical Research:Earth Surface,115(F2).

ANTONIA R A,BISSET D K,1990. Spanwise structure in the near-wall region of a turbulent boundary layer[J]. Journal of Fluid Mechanics,210(210):437-458.

ARMANINI A, CAVEDON V, RIGHETTI M, 2015. A probabilistic/deterministic approach for the prediction of the sediment transport rate[J]. Advances in Water Resources,81:10-18.

BAGNOLD R A,1966. An approach to the sediment transport problem from general physics[J]. U. S. Geological Survey Professional Paper, 422-i: 231-291.

BALLIO F, CAMPAGNOL J, NIKORA V, et al, 2013. Diffusive properties of bed load moving sediments at short time scales [C]//Proceedings of 2013 IAHR world congress, Chengdu, China (CD).

BALLIO F, NIKORA V, COLEMAN S E, 2014. On the definition of solid discharge in hydro-environment research and applications [J]. Journal of Hydraulic Research, 52(2): 173-184.

BAR-SHALOM Y, 1987. Tracking and data association [M]. New York: Academic Press.

BÖHM T, FREY P, DUCOTTET C, et al, 2006. Two-dimensional motion of a set of particles in a free surface flow with image processing [J]. Experiments in Fluids, 41(1): 1-11.

BOTTACIN-BUSOLIN A, TREGNAGHI M, CECCHETTO M, et al, 2017. Probabilistic estimation of entrainment rate in coarse sediment beds [C]//EGU General Assembly Conference Abstracts. 19: 13414.

BRADLEY D N, TUCKER G E, BENSON D A, 2010. Fractional dispersion in a sand bed river[J]. Journal of Geophysical Research: Earth Surface, 115(F1).

CAMPAGNOL J, RADICE A, NOKES R, et al, 2013. Lagrangian analysis of bed-load sediment motion: database contribution [J]. Journal of Hydraulic Research, 51(5): 589-596.

CAMPAGNOL J, RADICE A, BALLIO F, et al, 2015. Particle motion and diffusion at weak bed load: Accounting for unsteadiness effects of entrainment and disentrainment[J]. Journal of Hydraulic Research, 53(5): 633-648.

CARLIER J, STANISLAS M, 2005. Experimental study of eddy structures in a turbulent boundary layer using particle image velocimetry[J]. Journal of Fluid Mechanics, 535: 143-188.

CHENG N S, LAW W K, LIM S Y, 2003. Probability distribution of bed particle instability [J]. Advances in Water Resources, 26(4): 427-433.

CHURCH M, 2006. Bed material transport and the morphology of alluvial river channels [J]. Annual Review of Earth and Planetary Sciences. 34, 325-354.

DEY S, 2014. Fluvial hydrodynamics: Hydrodynamic and sediment transport phenomena [M]. Berlin: Springer.

CHARRU F, 2006. Selection of the ripple length on a granular bed sheared by a liquid flow[J]. Physics of Fluids, 18(12): 121508.

COLOMBINI M, PARKER G, 1995. Longitudinal streaks [J]. Journal of Fluid Mechanics, 304: 161-183.

DEY S, DAS R, GAUDIO R, et al, 2012. Turbulence in mobile-bed streams[J]. Acta Geophysica, 60(6): 1547-1588.

DENNIS D J C, NICKELS T B, 2008. On the limitations of Taylor's hypothesis in constructing long structures in a turbulent boundary layer[J]. Journal of Fluid Mechanics, 614: 197-206.

DRAKE T G, SHREVE R L, DIETRICH W E, et al, 1988. Bedload transport of fine gravel observed by motion-picture photography[J]. Journal of Fluid Mechanics, 192: 193-217.

DUBOYS P, 1879. Etudes du regime du rhone et l'aotion exercée par les sur un lit a fond de graviers undefiniment affouillable[J]. Annales des Ponts et Chausses, 5 (18): 141-195.

EINSTEIN H A, 1936. Der geschiebetrieb als wahrscheinlichkeitsproblem[D]. Zurich: ETH.

EINSTEIN H A, EL-SAMNI E S A, 1949. Hydrodynamic forces on a rough wall[J]. Review of Modern Physics, 21(3): 520-524.

EINSTEIN H A, 1950. The bed-load function for sediment transportation in open channel flows[M]. Washington D. C. : US Department of Agriculture.

EINSTEIN H A, BARBAROSSA N L, 1952. River channel roughness[J]. Transactions of the American Society of Civil Engineers, 117(1): 1121-1132.

ENGELUND F, FREDS? E J, 1976. A sediment transport model for straight alluvial channels[J]. Hydrology Research, 7(5): 293-306.

FERNANDEZ LUQUE R, VAN BEEK R, 1976. Erosion and transport of bed-load sediment[J]. Journal of Hydraulic Research, 14(2): 127-144.

FREDSOE J, DEIGAARD R, 1992. Mechanics of coastal sediment transport [M]. Singapore : World scientific Publishing Company.

FREY P, DUCOTTET C, JAY J, 2003. Fluctuations of bed load solid discharge and grain size distribution on steep slopes with image analysis [J]. Experiments in Fluids, 35(6): 589-597.

FURBISH D J, HAFF P K, ROSEBERRY J C, et al, 2012a. A probabilistic description of the bed load sediment flux: 1. Theory[J]. Journal of Geophysical Research: Earth Surface, 117(F3).

FURBISH D J, BALL A E, SCHMEECKLE M W, 2012b. A probabilistic description of the bed load sediment flux: 4. Fickian diffusion at low transport rates[J]. Journal of Geophysical Research: Earth Surface, 117(F3).

FURBISH D J, FATHEL S L, SCHMEECKLE M W, et al, 2017. The elements and richness of particle diffusion during sediment transport at small timescales[J]. Earth Surface Processes and Landforms, 42(1).

FURBISH D J, SCHMEECKLE M W, SCHUMER R, et al, 2016. Probability distributions of bed load particle velocities, accelerations, hop distances, and travel times informed by Jaynes's principle of maximum entropy[J]. Journal of Geophysical Research: Earth Surface, 121(7): 1373-1390.

GILBERT G K, MURPHY E C, 1914. The transportation of debris by running water [M]. Washington D. C. : US Government Printing Office.

GRAHAM D J, REID I, RICE S P, 2005. Automated sizing of coarse-grained sediments: Image-processing procedures[J]. Mathematical Geology, 37(1): 1-28.

GRASS A J, 1971. Structural features of turbulent flow over smooth and rough boundaries[J]. Journal of fluid Mechanics, 50(2): 233-255.

GYR A, SCHMID A, 1997. Turbulent flows over smooth erodible sand beds in flumes [J]. Journal of Hydraulic Research, 35(4): 525-544.

HASSAN M A, CHURCH M, SCHICK A P, 1991. Distance of movement of coarse particles in gravel bed streams[J]. Water Resources Research, 27(4): 503-511.

HASSAN M A, VOEPEL H, SCHUMER R, et al, 2013. Displacement characteristics of coarse fluvial bed sediment[J]. Journal of Geophysical Research: Earth Surface, 118(1): 155-165.

HERGAULT V, FREY P, MÉTIVIER F, et al, 2010. Image processing for the study of bedload transport of two-size spherical particles in a supercritical flow [J]. Experiments in Fluids, 49(5): 1095-1107.

HEYMAN J, METTRA F, MA H B, et al, 2013. Statistics of bedload transport over steep slopes: separation of time scales and collective motion [J]. Geophysical Research Letters, 40(1): 128-133.

HEYMAN J, 2014. A study of the spatio-temporal behaviour of bed load transport rate fluctuations [D]. Lausanne: EPFL.

HOFLAND B, 2005. Rock and roll: Turbulence-induced damage to granular bed protections[M]. TU Delft, Delft University of Technology.

HU C H, HUI Y J, 1996. Bed-load transport. I: Mechanical characteristics[J]. Journal of hydraulic engineering, 122(5): 245-254.

JIMENEZ J, 2013. Near-wall turbulence[J]. Physics of Fluids, 25 (10): 101302.

KAFTORI D, HETSRONI G, BANERJEE S, 1995. Particle behavior in the turbulent boundary layer. I. Motion, deposition and entrainment[J]. Physics of Fluids, 7(5): 1095-1106.

KARCZ I, 1973. Reflections on the origin of source small-scale longitudinal streambed scours[J]. Fluvial Geomorphology, 149-173.

KESHAVARZY A, BALL J E, 1999. An application of image processing in the study of sediment motion [J]. Journal of Hydraulic Research, 37(4): 559-576.

KIM H T, KLINE S J, REYNOLDS W C, 1971. The production of turbulence near a smooth wall in a turbulent boundary layer[J]. Journal of Fluid Mechanics, 50(1): 133-160.

KINOSHITA R, 1967. An analysis of the movement of flood waters by aerial photography: concerning characteristics of turbulence and surface flow[J]. Journal of the Japan Society of Photogrammetry,6(1): 1-17.

KLEINHANS M G,VAN RIJN L C,2002. Stochastic Prediction of Sediment Transport in Sand-Gravel Bed Rivers[J]. Journal of Hydraulic Engineering,128(4): 412-425.

KROGSTADT P Å, ANTONIA R A, 1999. Surface roughness effects in turbulent boundary layers[J]. Experiments in Fluids,27(5): 450-460.

LAJEUNESSE E,MALVERTI L,CHARRU F,2010. Bed load transport in turbulent flow at the grain scale: Experiments and Modeling [J]. Journal of Geophysical Research: Earth Surface,115(F4): F04001.

LEE H Y, HSU I S,1994. Investigation of saltating particle motions[J]. Journal of Hydraulic Engineering,120(7): 831-845.

LEE H Y,CHEN Y H,YOU J Y,et al,2000. Investigations of continuous bed load saltating process[J]. Journal of Hydraulic Engineering,126(9): 691-700.

LEE J H,SUNG H J,2011. Very-large-scale motions in a turbulent boundary layer[J]. Journal of Fluid Mechanics,673: 80-120.

LIEDERMANN M, TRITTHART M, HABERSACK H, 2013. Particle path characteristics at the large gravel-bed river danube: results from a tracer study and numerical modelling[J]. Earth Surface Processes and Landforms,38(5): 512-522.

LIU C R,DENG L Y,TAO L B,2010. Probability of sediment incipient motion under complex flows[J]. China Ocean Engineering,24(1): 93-104.

LISLE I G,ROSE C W,HOGARTH W L,et al,1998. Stochastic sediment transport in soil erosion[J]. Journal of Hydrology,204(1-4): 217-230.

LOWE D G, 2004. Distinctive image features from scale-invariant key points [J]. International journal of Computer Vision,60(2): 91-110.

MA J M,XU D,BAI Y C,et al,2013. Probability model for gravel sediment entrainment in turbulent flows[J]. Journal of Hydro-environment Research,7(3): 154-160.

MARTIN R L, JEROLMACK D J, SCHUMER R, 2012. The physical basis for anomalous diffusion in bed load transport [J]. Journal of Geophysical Research: Earth Surface,117(F1): F01018.

METTRA F, HEYMAN J, ANCEY C, 2012. Characterization of bedload transport in steep-slope streams[C]//EGU General Assembly Conference Abstracts,14: 1191.

MEUNIER P,MÉTIVIER F,LAJEUNESSE E,et al,2006. Flow pattern and sediment transport in a braided river: the"torrent de st pierre"(French Alps)[J]. Journal of Hydrology,330(3-4): 496-505.

MEYER-PETER E, MÜLLER R, 1948. Formulas for bed-load transport [C]//2nd IAHSR Meeting,Stockholm.

MIAO W,CHEN H,CHEN Q G,et al,2015. Image-based measurement of bed-load transport in closed channel flow [C]//36th IAHR World Congress.

MIAO W,CAO L K,ZHONG Q,et al,2018. Influence of the time interval on image-based measurement of bed-load transport[J]. Journal of Hydraulic Research,56: 1-9.

NAKAGAWA H, NEZU I, 1981. Structure of space-time correlations of bursting phenomena in an open-channel flow[J]. Journal of Fluid Mechanics,104: 1-43.

NELSON J M,SHREVE R L,MCLEAN S R,et al,1995. Role of near-bed turbulence structure in bed load transport and bed form mechanics [J]. Water Resources Research,31(8): 2071-2086.

NEZU I,1977. Turbulent structure in open-channel flows[D]. Kyoto: Kyoto University.

NEZU I,NAKAGAWA H,1989. Turbulent structure of backward-facing step flow and coherent vortex shedding from reattachment in open-channel flows[M]//Turbulent shear flows 6. Berlin: Springer,313-337.

NEZU I,AZUMA R,2004. Turbulence characteristics and interaction between particles and fluid in particle-laden open channel flows[J]. Journal of Hydraulic Engineering, 130(10): 988-1001.

NIKORA V,HABERSACK H,HUBER T,et al,2002. On bed particle diffusion in gravel bed flows under weak bed load transport[J]. Water Resources Research,38(6).

NIÑO Y, GARCíA M, AYALA L, 1994. Gravel saltation: 1. experiments [J]. Water Resources Research,30(6): 1907-1914.

NINTO Y,GARCIA M H,1996. Experiments on particle-turbulence interactions in the near-wall region of an open channel flow: Implications for sediment transport[J]. Journal of Fluid Mechanics,326(1): 285-319.

OH J,TSAI C W,2018. A stochastic multivariate framework for modeling movement of discrete sediment particles in open channel flows [J]. Stochastic Environmental Research and Risk Assessment,32(2): 385-399.

PAINTAL A S,1969. The probabilistic characteristics of bed load transport in alluvial channels [D]. Minnesota: University of Minnesota.

PAINTAL A S, 1971. A Stochastic Model of Bed Load Transport [J]. Journal of Hydraulic Research,9(4): 527-554.

PAPANICOLAOU A N,DIPLAS P,BALAKRISHNAN M,et al,1999. Computer vision technique for tracking bed load movement [J]. Journal of Computing in Civil Engineering,13(2): 71-79.

PAPANICOLAOU A N, DIPLAS P, EVAGGELOPOULOS N, et al, 2002. Stochastic incipient motion criterion for spheres under various bed packing conditions[J]. Journal of Hydraulic Engineering,128(4): 369-380.

PARKER G, PAOLA C, LECLAIR S, 2000. Probabilistic Exner sediment continuity equation for mixtures with no active layer[J]. Journal of Hydraulic Engineering, 126(11): 818-826.

PRASHANTH H S,SHASHIDHARA H L,KN B M,2009. Image scaling comparison using universal image quality index [C]//International Conference on. IEEE,

859-863.

RADICE A, MALAVASI S, BALLIO F, 2006. Solid transport measurements through image processing [J]. Experiments in Fluids, 41(5): 721-734.

RADICE A, BALLIO F, NIKORA V, 2009. On statistical properties of bed load sediment concentration[J]. Water Resources Research, 45(6).

RADICE A, BALLIO F, 2010. Coherent particle motion in bed load[C]. Proceedings of the First Congress of the European Section of IAHR.

RADICE A, NIKORA V, CAMPAGNOL J, et al, 2013. Active interactions between turbulence and bed load: Conceptual picture and experimental evidence[J]. Water Resources Research, 49(1): 90-99.

RADICE A, BALLIO F, NOKES R, 2010. Preliminary results from an application of PTV to bed-load grains[J]. River Flow 2010: 1681-1686.

RADICE A, SARKAR S, BALLIO F, 2017. Image-based Lagrangian Particle Tracking in Bed-load Experiments[J]. Journal of visualized experiments: JoVE, 125.

RASHIDI M, HETSRONI G, BANERJEE S, 1990. Particle-turbulence interaction in a boundary layer[J]. International Journal of Multiphase Flow, 16(6): 935-949.

RECKING A, FREY P, PAQUIER A, et al, 2008. Bed-Load Transport Flume Experiments on Steep Slopes[J]. Journal of Hydraulic Engineering, 134(9): 1302-1310.

ROBINSON S K, 1991. Coherent motions in the turbulent boundary layer[J]. Annual Review of Fluid Mechanics, 23(1): 601-639.

ROSEBERRY J C, SCHMEECKLE M W, FURBISH D J, 2012. A probabilistic description of the bed load sediment flux: 2. Particle activity and motions[J]. Journal of Geophysical Research: Earth Surface, 117(F3).

SAYRE W W, HUBBELL D W, 1965. Transport and dispersion of labeled bed material, North Loup River, Nebraska[M]. Washington D. C. : US Government Printing Office.

SCHMEECKLE M W, NELSON J M, SHREVE R L, 2007. Forces on stationary particles in near-bed turbulent flows[J]. Journal of Geophysical Research: Earth Surface, 112(F2).

SCHMIDT K H, ERGENZINGER P, 1992. Bedload entrainment, travel lengths, step lengths, rest periods—studied with passive (iron, magnetic) and active (radio) tracer techniques[J]. Earth Surface Processes & Landforms, 17(2): 147-165.

SCHRAUB F A, KLINE S J, 1965. A study of the structure of the turbulent boundary layer with and without longitudinal pressure gradients[R]. Stanford univ calif the mor sciences div.

SEKINE M, KIKKAWA H, 1992. Mechanics of saltating grains. II [J]. Journal of Hydraulic Engineering, 118(4): 536-558.

SÉCHET P, LE GUENNEC B, 1999. The role of near wall turbulent structures on sediment transport[J]. Water Research, 33(17): 3646-3656.

SHIELDS A,1936. Application of similarity principles and turbulence research to bed-load movement[D]. Pasadena: California Institute of Technology.

SHIH W R,DIPLAS P,CELIK A O,et al,2017. Accounting for the role of turbulent flow on particle dislodgement via a coupled quadrant analysis of velocity and pressure sequences[J]. Advances in Water Resources,101: 37-48.

SHIM J, DUAN J G, 2017. Experimental study of bed-load transport using particle motion tracking[J]. International Journal of Sediment Research,32(1): 73-81.

SHVIDCHENKO A B,PENDER G,2000. Flume study of the effect of relative depth on the incipient motion of coarse uniform sediments[J]. Water Resources Research, 36(2): 619-628.

SINGH A, FIENBERG K, JEROLMACK D J, et al, 2009. Experimental evidence for statistical scaling and intermittency in sediment transport rates [J]. Journal of Geophysical Research: Earth Surface,114(F1).

SUTHERLAND A J,1967. Proposed mechanism for sediment entrainment by turbulent flows[J]. Journal of Geophysical Research,72(24): 6183-6194.

THORNE P D, WILLIAMS J J, HEATHERSHAW A D, 1989. In situ acoustic measurements of marine gravel threshold and transport[J]. Sedimentology,36(1): 61-74.

TOMKINS C D,ADRIAN R J,2003. Spanwise structure and scale growth in turbulent boundary layers[J]. Journal of fluid mechanics,490: 37-74.

TREGNAGHI M,BOTTACIN-BUSOLIN A,TAIT S,et al,2012. Stochastic determination of entrainment risk in uniformly sized sediment beds at low transport stages: 2. Experiments[J]. Journal of Geophysical Research: Earth Surface,117(F4).

WIBERG P L,SMITH J D,1985. A theoretical model for saltating grains in water[J]. Journal of Geophysical Research Oceans,90(C4): 7341-7354.

WIBERG P L,SMITH J D,1989. Model for Calculating Bed Load Transport of Sediment [J]. Journal of Hydraulic Engineering,115(1): 101-123.

WILLMARTH W W,LU S S,1972. Structure of the Reynolds stress near the wall [J]. Journal of Fluid Mechanics,55(1): 65-92.

WELCH G,BISHOP G,1995. An introduction to the Kalman filter [R]. Department of Computer Science,University of North Carolina.

WU F C, YANG K H, 2004. A stochastic partial transport model for mixed-size sediment: Application to assessment of fractional mobility[J]. Water Resources Research,40(4): 1035-1042.

YALIN M S,SELIM M,1972. Mechanics of sediment transport[M]. Oxford: Pergamon Press.

YANG C T,SAYRE W W,1971. Stochastic model for sand dispersion[J]. Journal of the Hydraulics Division,97: 265-288.

ZHANG Z Y, 1999. Flexible camera calibration by viewing a plane from unknown orientations[C]//Proceedings of the Seventh IEEE International Conference on Computer Vision. LEEE,1: 666-673.

ZHONG Q, CHEN Q, WANG H, et al, 2016. Statistical analysis of turbulent super-streamwise vortices based on observations of streaky structures near the free surface in the smooth open channel flow[J]. Water Resources Research,52(5): 3563-3578.

ZHONG Q, LI D, CHEN Q, et al, 2015. Coherent structures and their interactions in smooth open channel flows[J]. Environmental Fluid Mechanics,15(3): 653-672.

ZIMMERMANN A E,CHURCH M,HASSAN M A,2008. Video-based gravel transport measurements with a flume mounted light table[J]. Earth Surface Processes and Landforms,33(14): 2285-2296.

在学期间发表的学术论文与研究成果

发表的学术论文

[1] MIAO W,BLANCKAERT K, HEYMAN J,et al. A parametrical study on secondary flow in sharp open-channel bends:experiments and theoretical modelling[J]. Journal of hydro-environment research,2016,13:1-13.(SCI 收录,DOI:10.1016/j. jher. 2016.04.001)

[2] MIAO W,CAO L,ZHONG Q,et al. Influence of the time interval on image-based measurement of bed-load transport[J]. Journal of hydraulic research,2018:1-9. (SCI 收录,DOI:10.1080/00221686.2017.1399938)

[3] 苗蔚,陈启刚,李丹勋,等.泥沙起动概率的高速摄影测量方法[J].水科学进展, 2015,26(5):698-706.(EI 收录,DOI:10.14042/j. cnki. 32.1309.2015.05.011)

[4] 苗蔚,曹列凯,陈启刚,等.有压槽道流中图像处理参数对推移质运动测量结果的影响[J].实验流体力学,2017,31(1).(中文核心期刊)

[5] MIAO W,CHEN H,CHEN Q G,等. Image-based measurement of bed-load transport in closed channel flow[C]. 36th IAHR World Congress.(会议论文)

[6] 钟强,王兴奎,苗蔚,等.高分辨率粒子示踪测速技术在光滑明渠紊流黏性底层测量中的应用[J].水利学报,2014,45(5):513-520.(EI 收录,10.13243/j. cnki. slxb. 2014.05.002)

[7] 陈槐,陈启刚,苗蔚,等.Reynolds 数对方腔流谱结构的影响[J].清华大学学报(自然科学版),2014,54(8):1031-1037.(EI 收录,DOI:10.16511/j. cnki. qhdxxb. 2014.08.004)

研 究 成 果

[1] 王兴奎,陈启刚,苗蔚,钟强,李丹勋.在试验模型或天然河流中原位实时测量卵石运动的装置.公开号:CN104596584A,授权日期:2015-05-06.

在学期间参加的研究项目

[1]　国家科技支撑计划课题：上游梯级水库对三峡入库水沙变化影响研究（2012BAB04B01）．

[2]　国务院三峡工程建设委员会办公室课题：三峡工程生态与环境监测系统遂宁站年度监测（2012-2017）．

[3]　自然科学基金面上项目：弯道水流三维运动特性及输沙机理研究（51379101）．

致　　谢

　　由衷感谢我的导师李丹勋教授对我学术上的指导,读博的六年期间,李丹勋教授从选题、试验到结果发表方面,给予了我巨大的帮助,特别是在英文写作方面,不仅在遣词造句上让我有所提升,更在行文逻辑方面让我收获颇多。除学术上的指导外,李丹勋教授的处事态度也深刻影响了我,使我保持谦虚、认真和全力以赴的做事态度,在能力范围内将事情做到更好。这份恩情,我永远难忘。

　　衷心感谢课题组王兴奎教授对我学术上的指导、试验上的帮助。王兴奎教授对科研的热爱与执着,对学生的无私和对周围人的帮助,让我敬佩不已、受益良多,是我人生的楷模。

　　感谢瑞士洛桑联邦理工 Blanckaert Koen 副教授对我在国外交换期间科研上的指导,让我对科研从立项、试验、结果分析到成果发表等有了深入的认识。感谢课题组朱德军教授对我学术和生活上的帮助。十分感谢钟强师兄对我科研上的指导,手把手教我做试验,带我入门,并在论文修改方面给了我很多的帮助。感谢课题组成员陈启刚师兄、张会兰师姐、姜晓明师兄、何奇峰师兄、王浩师兄、孟震师兄、樊新贺、白若男、曹列凯、段炎冲、徐元、何智博对我的关心与帮助,这份情谊,我永远珍惜。

　　特别感谢我的父母、姐姐和匡晓霖博士在我读博期间给予的无私支持与理解,你们是我巨大的精神支柱和坚强的后盾。

　　本课题承蒙自然科学基金(51379101)的资助,特此致谢。

苗　蔚
2018 年 6 月